环保公益性行业科研专项经费项目系列丛书

大气臭氧污染对我国水稻和冬小麦影响的实验研究

耿春梅　王效科　黄益宗　苏德毕力格　主编

中国环境出版社·北京

图书在版编目（CIP）数据

大气臭氧污染对我国水稻和冬小麦影响的实验研究/
耿春梅等主编. —北京：中国环境出版社，2013.9
（环保公益性行业科研专项经费项目系列丛书）
ISBN 978-7-5111-1459-4

Ⅰ．①大… Ⅱ．①耿… Ⅲ．①臭氧—空气污染—
影响—水稻—研究—中国 ②臭氧—空气污染—影响—
小麦—研究—中国 Ⅳ．①X511.032.31

中国版本图书馆 CIP 数据核字（2013）第 107700 号

出 版 人	王新程
策划编辑	丁莞歆
责任编辑	黄 颖
文字编辑	安子莹
责任校对	尹 芳
封面设计	刘丹妮

出版发行　中国环境出版社
　　　　　（100062　北京市东城区广渠门内大街 16 号）
　　　　　网　　址：http://www.cesp.com.cn
　　　　　电子邮箱：bjgl@cesp.com.cn
　　　　　联系电话：010-67112765（编辑管理部）
　　　　　　　　　　010-67175507（科技标准图书出版中心）
　　　　　发行热线：010-67125803，010-67113405（传真）

印　　刷	北京市联华印刷厂
经　　销	各地新华书店
版　　次	2013 年 9 月第 1 版
印　　次	2013 年 9 月第 1 次印刷
开　　本	787×1092　1/16
印　　张	9.5
字　　数	220 千字
定　　价	29.00 元

《环保公益性行业科研专项经费项目系列丛书》
编委会

本书编写组

主　编

耿春梅　中国环境科学研究院　环境基准与风险评估国家重点实验室

王效科　中国科学院生态环境研究中心

黄益宗　中国科学院生态环境研究中心

苏德毕力格　中国环境科学研究院　环境基准与风险评估国家重点实验室

编写组

王　玮　中国环境科学研究院　环境基准与风险评估国家重点实验室

王　琼　中国环境科学研究院　环境基准与风险评估国家重点实验室

佟　磊　中国科学院生态环境研究中心

隋立华　中国科学院生态环境研究中心

王宗爽　中国环境科学研究院　环境基准与风险评估国家重点实验室

刘红杰　中国环境科学研究院　环境基准与风险评估国家重点实验室

陈建华　中国环境科学研究院　环境基准与风险评估国家重点实验室

杨　文　中国环境科学研究院　环境基准与风险评估国家重点实验室

殷宝辉　中国环境科学研究院　环境基准与风险评估国家重点实验室

王清立　中国环境科学研究院　环境基准与风险评估国家重点实验室

杨小阳　中国环境科学研究院　环境基准与风险评估国家重点实验室

王歆华　中国环境科学研究院　环境基准与风险评估国家重点实验室

邓建国　中国环境科学研究院　环境基准与风险评估国家重点实验室

唐郁玲　中国环境科学研究院　环境基准与风险评估国家重点实验室

师　媛　中国环境科学研究院　环境基准与风险评估国家重点实验室

王燕丽　中国环境科学研究院　环境基准与风险评估国家重点实验室

白志鹏　中国环境科学研究院　环境基准与风险评估国家重点实验室

总　序

　　我国作为一个发展中的人口大国，资源环境问题是长期制约经济社会可持续发展的重大问题。党中央、国务院高度重视环境保护工作，提出了建设生态文明、建设资源节约型与环境友好型社会、推进环境保护历史性转变、让江河湖泊休养生息、节能减排是转方式调结构的重要抓手、环境保护是重大民生问题、探索中国环保新道路等一系列新理念新举措。在科学发展观的指导下，"十一五"环境保护工作成效显著，在经济增长超过预期的情况下，主要污染物减排任务超额完成，环境质量持续改善。

　　随着当前经济的高速增长，资源环境约束进一步强化，环境保护正处于负重爬坡的艰难阶段。治污减排的压力有增无减，环境质量改善的压力不断加大，防范环境风险的压力持续增加，确保核与辐射安全的压力继续加大，应对全球环境问题的压力急剧加大。要破解发展经济与保护环境的难点，解决影响可持续发展和群众健康的突出环境问题，确保环保工作不断上台阶出亮点，必须充分依靠科技创新和科技进步，构建强大坚实的科技支撑体系。

　　2006年，我国发布了《国家中长期科学和技术发展规划纲要（2006—2020年）》（以下简称《规划纲要》），提出了建设创新型国家战略，科技事业进入了发展的快车道，环保科技也迎来了蓬勃发展的春天。为适应环境保护历史性转变和创新型国家建设的要求，原国家环境保护总局于2006年召开了第一次全国环保科技大会，出台了《关于增强环境科技创新能力的若干意见》，确立了科技兴环保战略，建设了环境科技创新体系、环境标准体系、环境技术管理体系三大工程。五年来，在广大环境科技工作者的努力下，水体污染控制与治理科技重大专项启动实施，科技投入持续增加，科技创新能力显著增强；发布了502项新标准，现行国家标准达1 263项，环境标准体系建设实现了跨越式发展；完成了100余项环保技术文件的制修订工作，初步建成以重点行业污染防治技术政策、技术指南和工程技术规范为主要内容的国家环境技术管理体系。环境科技为全面完成"十一五"环保规划的各项任务起到了重要的引领和支撑作用。

为优化中央财政科技投入结构，支持市场机制不能有效配置资源的社会公益研究活动，"十一五"期间国家设立了公益性行业科研专项经费。根据财政部、科技部的总体部署，环保公益性行业科研专项紧密围绕《规划纲要》和《国家环境保护"十一五"科技发展规划》确定的重点领域和优先主题，立足环境管理中的科技需求，积极开展应急性、培育性、基础性科学研究。"十一五"期间，环境保护部组织实施了公益性行业科研专项项目234项，涉及大气、水、生态、土壤、固废、核与辐射等领域，共有包括中央级科研院所、高等院校、地方环保科研单位和企业等几百家单位参与，逐步形成了优势互补、团结协作、良性竞争、共同发展的环保科技"统一战线"。目前，专项取得了重要研究成果，提出了一系列控制污染和改善环境质量技术方案，形成一批环境监测预警和监督管理技术体系，研发出一批与生态环境保护、国际履约、核与辐射安全相关的关键技术，提出了一系列环境标准、指南和技术规范建议，为解决我国环境保护和环境管理中急需的成套技术和政策制定提供了重要的科技支撑。

为广泛共享"十一五"期间环保公益性行业科研专项项目研究成果，及时总结项目组织管理经验，环境保护部科技标准司组织出版"十一五"环保公益性行业科研专项经费项目系列丛书。该丛书汇集了一批专项研究的代表性成果，具有较强的学术性和实用性，可以说是环境领域不可多得的资料文献。丛书的组织出版，在科技管理上也是一次很好的尝试，我们希望通过这一尝试，能够进一步活跃环保科技的学术氛围，促进科技成果的转化与应用，为探索中国环保新道路提供有力的科技支撑。

中华人民共和国环境保护部副部长

吴晓青

2011 年 10 月

前　言

近地层大气 O_3 浓度升高造成的植被损伤已引起普遍关注。O_3 污染可导致农作物叶片可见伤害、老化加速、环境胁迫敏感性增加、生长抑制和产量降低等。自 1958 年第一次报道 O_3 对植被损伤以来，国内外学者采用不同的实验方法，探讨了农作物、林木及生态系统对 O_3 污染的响应。O_3 对于植物的毒性作用，可通过与植物组织直接作用，或通过气孔进入植物体内，诱导产生活性氧物质（AOS），破坏植物的膜系统，加剧膜脂过氧化程度，影响植物的光合作用等正常生理功能，详细的作用机理还有待深入研究。大气 O_3 浓度升高造成部分农作物减产，已经引起全世界的高度关注，研究大气 O_3 浓度剂量与作物产量的响应关系，对于合理评估大气 O_3 浓度升高所造成的粮食减产是必不可少的，可为采取应对措施降低损失、保障粮食生产安全提供科学依据。

本书在国家环保公益性行业科研专项"大气臭氧污染对粮食作物影响途径和效应研究"（编号：200809152）（2008—2011 年）资助下出版。集合了这一公益项目的研究成果、编者前期积累的部分研究成果，以及国内外最新的研究进展。

本书共分九章：第 1 章为大气 O_3 污染对粮食作物影响研究概述；第 2 章至第 4 章为 O_3 浓度升高对粮食作物的生长生理影响的研究方法及其在水稻和冬小麦的大田实验研究；第 5 章至第 7 章为 O_3 交换通量的研究方法及其在水稻和冬小麦的大田实验研究；第 8 章为抗氧化剂对水稻和冬小麦保护效果研究；第 9 章为产量损失的估算方法、珠三角地区粮食产量损失的估算以及减轻损失的对策。

　　本书可作为环境科学、环境基准、环境监测、生态学等领域科研人员、技术人员及管理人员的参考书，指导开展大气 O_3 浓度升高对粮食作物生长生理影响研究、作物减产及经济损失评估、大气 O_3 污染控制等方面的工作。由于我们的研究工作还不够深入，资料也比较缺乏，不足之处希望读者提出宝贵意见。

耿春梅　王效科　黄益宗　苏德毕力格

2012 年 11 月

目　录

第1章 概 述

1.1 研究方法

O₃对植被损伤的常用研究方法有 3 种：① 控制环境研究法。其主要在人工控制的且内部环境相对稳定的气室内对实验材料进行模拟暴露研究。该法的特点是设备较小、操作方便和实验可控性强；但由于气室内环境和自然环境差别较大，所得到的结果和实际相去甚远，应用范围受到限制。② 自然条件下田间小区法。该法主要利用大气中天然 O₃ 浓度变化，结合化学防护剂进行研究。基于大气实际 O₃ 浓度，获得自然环境条件下的植被 O₃ 损伤，但由于其需要专一性强的化学防护剂，在自然条件下，该药剂对有些作物使用效果不明显。③ 田间开顶式气室（Open-Top Chamber，OTC）暴露法。该法可在田间条件下研究大气污染物对植物的长期或整个生长季节的影响。气室内小环境较接近自然，结果比较可靠，是研究近地层大气污染对地表植被影响的有效工具，但田间开顶式气室造价高，且气室内 O₃ 浓度难以稳定。

目前，国内外使用比较广泛的实验装置为田间开顶式气室。自 1973 年开顶式气室使用以来，美国、欧洲及其他国家的学者利用该装置分别就 O₃ 对粮食、蔬菜、烟草和果树等的潜在影响进行了广泛研究。我国自 1993 年采用 OTC 研究 CO_2 对农作物的影响以来，已在长江三角洲地区陆续开展了 O₃ 和 CO_2 对水稻、小麦和油菜等作物影响的研究。已有的 OTC 装置普遍存在 O₃ 浓度控制不稳定、各平行样的平行性较差等问题。针对气室内目标气体分布不均、温室效应显著以及上下栅板布气法局限性等问题，郑启伟等设计的旋转布气法开顶式气室有了很大改进，在原位实验上有更好的适用性。

1.2 O₃对植物生理生化影响研究

O₃作用于植物有两个途径：一是直接作用，即 O₃ 与植物组织直接作用；二是通过气孔进入植物体内诱导产生活性氧物质（AOS），包括过氧化氢（H_2O_2）、超氧自由基（O_2^-）、羟基（OH^-）等，这些活性氧物质破坏植物的膜系统，加剧了膜脂过氧化程度，影响植物的光合作用等正常生理功能。目前 O₃ 对植物的光学毒性主要在于它可以诱导产生大量的活性氧物质。

1.2.1 O₃对植物生长的影响

1.2.1.1 O₃对植物造成的可见伤害症状

O₃浓度升高对叶片造成的直接伤害是最主要的特征之一。植物在受到 O₃ 急性伤害后，最初出现的典型症状为叶片上散布细密的点状斑，几乎为均匀分布，其形状、大小也比较规则，颜色呈棕色或黄褐色，可分为"点斑（spoting）"和"雀斑（flecking）"。前者是伴随细胞崩溃而产生的暗色色素，后者则无暗色色素生成。一般认为 O_3 首先危害叶片栅栏组织，使细胞发生质壁分离，细胞内含物受到破坏而分散。继续暴露使得叶片表皮坏死斑点变大，互相融合，最后伤害到海绵组织，形成两面坏死斑。另外，O_3 不仅伤害叶片，对作物的茎和穗也有一定的伤害作用，表现为麦芒间断性干枯，穗下部茎秆变枯。O_3 对不同植物的伤害程度差异很大，一般当空气中 O_3 体积分数达到 $50 \sim 120 \ nL \cdot L^{-1}$ 时，敏感植物就会受到伤害。而且在暴露总时间相等、O_3 体积分数相同的情况下，多次短期、间断暴露比连续暴露对植物伤害更大。

1.2.1.2　O_3 对植物气孔导度的影响

研究表明，气孔是 O_3 进入植物体的最主要途径。一方面，气孔导度大小影响植物叶片 O_3 吸入量，气孔导度越大，O_3 吸入量越大，气孔导度与植物受害程度之间存在着恒定的正相关关系，有文献提出不同类型植物对 O_3 敏感性的不同在一定程度上是由于气孔导度差异造成的。由于气孔在控制 O_3 吸收方面起重要作用，因此凡是影响气孔开闭的因子如干旱、高浓度 CO_2、脱落酸、水分、光照等都会影响 O_3 对植物的伤害程度。另一方面，O_3 也会影响对气孔的开关反应，大多数研究表明，O_3 促使气孔导度减小，气孔阻力增加；但有少数研究表明，在一定条件下 O_3 促使植物的气孔开张。

1.2.1.3　O_3 对植物光合作用的影响

O_3 对植物光合作用的影响备受关注，因此这方面研究也相对较多。早在 20 世纪 50 年代，Erickson 等就观测到 O_3 对水生植物浮萍的光合强度有抑制作用。此后，许多学者对各种植物的测定表明，O_3 对大多数植物的光合作用有抑制作用，而且在植物的不同发育阶段 O_3 对光合作用的影响不同。通常情况下，植物在幼苗期和开花期对 O_3 最为敏感，而结果期最不敏感。O_3 通过多种途径影响植物的光合作用：

首先，气孔反应对光合作用有着重要的作用。Leipner 等利用具有高分辨率的叶绿素荧光成像系统研究了短期高浓度 O_3 熏蒸处理（$250 \sim 500 \ nL \cdot L^{-1}$，3 h）对植物叶片不同部位光合能力的影响，结果表明 O_3 通过气孔进入叶片后，最先影响靠近气孔的细胞的光合作用。

其次，O_3 可破坏光合组织，减少光合色素。Meyer 等利用 $110 \ nL \cdot L^{-1}$ O_3 熏蒸小麦后，发现短时间处理导致叶片细胞膜系统受损，光合产物输出受阻；而长期受熏蒸后，小麦叶片的光合速率、光化学效率、叶绿素含量和蔗糖含量均显著降低，并与 O_3 剂量的大小和峰值出现的早晚有关。另外，在电子传递水平上，O_3 使光合系统 II 反应中心蛋白 D_1 的合成和分解作用都有加强，叶绿素荧光测定表明光化学效率下降，说明光合系统 II 电子传递受到抑制，光合电子传递速率下降。

O_3 降低光合作用的另一途径是抑制己糖磷酸还原过程，使 5-二磷酸核酮糖羧化加氧酶（RUBPCO）蛋白含量及活性都降低，从而降低 1,5-二磷酸核酮糖（RUBP）羧化能力。研究表明，在分子水平上光合基因表达受到抑制、蛋白分解速率加快以及酶蛋白巯基受破坏是 RUBPCO 酶蛋白含量及活性下降的重要原因。

1.2.1.4 O₃ 对植物物质代谢的影响

（1）对同化物分配的影响

研究表明，O_3 环境下，植物叶片厚度降低，栅栏组织和海绵组织的比率增大，过氧化物酶体和线粒体的数量增加；叶片细胞中与抗氧化胁迫有关的次生代谢物质如绿原酸（Chlorogenic acid）、黄酮（Flavone aglycons）等的含量增加。

光合产物分配改变的原因主要有：一是植物叶片作为碳源的能力降低。植物叶片是被攻击的直接位点，可改变气孔功能，从而改变植株的同化能力和水分利用效率；同时，O_3 可降低光合酶的数量和活性，加快叶绿素降解，导致光合有效叶面积的减少以及叶片的早衰，从而显著降低了植株的光合能力。二是叶片作为碳库增加了对同化物的需求。高浓度 O_3 胁迫下，叶肉细胞尤其是栅栏组织的损伤引发植株修复代谢消耗的增加；同时，抗氧化系统的增强必然增加叶片对同化物的需求。另外，研究还表明 O_3 可能对韧皮部组织有直接的作用，导致同化物向外运输的能力降低，从而导致叶片中同化产物的积累，进而引起光合的反馈抑制。

（2）对蛋白质和氨基酸的影响

研究发现，O_3 对植物的氮代谢影响显著，主要表现为：植物经过 O_3 处理后，体内氨基酸和蛋白质含量发生改变，一般情况下表现为蛋白质含量下降，氨基酸含量增加。植物氮代谢对 O_3 的反应与植物的发育阶段密切相关。O_3 对植物蛋白质和氨基酸的影响有一定的滞后效应，表现为：通常在 O_3 作用停止一段时间后，植物体内的蛋白质含量才会发生变化，而变化一旦发生则会持续较长的一段时间。

O_3 对组成蛋白质的氨基酸和非蛋白性衍生氨基酸的影响不同。Ting 等的研究发现，经 O_3 处理后的棉花叶片中的乙氨酸、天冬氨酸、谷氨酸、天冬酰胺、b-丙氨酸、苏氨酸、丝氨酸、缬氨酸、亮氨酸、赖氨酸、组氨酸和 g-氨基丁酸的含量增加，但非蛋白缔合氨基酸如磷酸丝氨酸、磷酸乙醇胺和乙醇胺含量却很快减少。另有研究表明，O_3 对植物的危害与非蛋白质氮的关系比蛋白质氮的关系更为密切。

（3）对糖类物质的影响

由于糖的种类较多，所以 O_3 对植物糖类物质代谢的影响也比较复杂。通常情况下，O_3 使得植物非结构性碳水化合物及多糖含量减少，而单糖及双糖含量增加。在 O_3 最敏感的叶龄期植物的可溶性还原糖含量最低，外加己糖溶液可降低叶片对 O_3 的敏感性；随着可溶性糖含量和氨基酸浓度的降低，叶片对 O_3 的敏感性增加，因此可以得出 O_3 对糖代谢的影响与植物本身含糖量有密切关系。

（4）对脂类物质的影响

O_3 对脂类物质的影响始于膜，O_3 危害的初始部位是膜脂类的不饱和脂肪酸残基，O_3 与脂肪酸残基作用使膜的透性发生改变。此外，O_3 对植物体内其他脂类物质也有影响，可引起不饱和 C_{16} 和 C_{18} 脂肪酸含量下降，使脂类组成发生变化。

1.2.2 植物对 O₃ 胁迫的适应调节机制

植物在自然适应过程中，也形成了自身的一套抗氧化的机制。一是通过关闭气孔来阻止 O_3 等氧化气体的进入；二是通过增加自身抗氧化系统活性来提高抗逆性，从而减轻氧化伤害。抗氧化系统包括抗氧化酶和具有高度还原性的非酶成分。抗氧化酶主要包括对于清除活性氧发挥重要作用的超氧化物歧化酶（Superoxide dismutase，SOD）、过氧化氢酶（Catalase，CAT）和过氧化物酶（Peroxidase，POD），以及在抗坏血酸—谷胱甘肽循环（AsA-GSH 循环，又称 Halliwell-Asada 循环）中起主要作用的谷胱甘肽还原酶（Glutathione reductase，GR）和抗坏血酸过氧化物酶（Ascorbate peroxidase，APX）；非酶物质包括抗坏血酸（Ascorbic acid，AsA）、谷胱甘肽（Glutathione，GSH）和类胡萝卜素（Carotenoid，Car）等。研究表明，植物抗氧化系统在抵御由高浓度 O_3 引起的氧化胁迫过程中发挥着主要作用。但是植物耐受 O_3 胁迫的能力是有限的，当细胞中 $O_2^{\cdot-}$ 与 H_2O_2 等有害物质的累积超出其耐受范围时，保护体系功能受到影响，膜脂过氧化程度加剧，酶活性降低，非酶物质含量减少，生理结构遭到破坏。

1.2.2.1 非酶促物质对 O_3 胁迫的调节作用

非酶促清除系统主要指抗坏血酸 AsA 与类胡萝卜素 Car 以及一些含巯基的低分子化合物（如还原型谷胱甘肽 GSH）等，它们通过多条途径直接或间接地猝灭活性氧。

（1）抗坏血酸（AsA、DHA 和 MDHA）

抗坏血酸存在于叶绿体基质中，是 $O_2^{\cdot-}$ 和 OH· 的有效清除剂，同时也是单线态氧（$^1O_2$）的猝灭剂。它可以清除膜脂过氧化过程中产生的多聚不饱和脂肪酸（PUFA）自由基。一方面它可以作为 Halliwell-Asada 循环中 APX 的底物，另一方面它又可以作为抗氧化剂直接清除活性氧。AsA 可还原 $O_2^{\cdot-}$，清除 OH·，猝灭 $^1O_2$，歧化 H_2O_2，还可再生 V_E。由于 AsA 有多种抗氧化功能，因此有人认为 AsA 水平的降低可作为植物抗氧化能力总体衰退的指标。

活细胞内抗坏血酸存在三种不同氧化还原态：还原型抗坏血酸（AsA）、半还原型即单脱氢抗坏血酸（MDHA）和氧化型即脱氢抗坏血酸（DHA）。抗坏血酸是非常重要的抗氧化物质，它的生物化学功能可以分为四类：① 抗氧化物质。它可以同超氧化物、单氧、O_3 和氢氧化物发生反应，去除机体内的活性氧物质，而自身则由还原态转化成氧化态。② 辅酶。它是许多羟化酶的辅酶。③ 电子转移体。抗坏血酸是公认的光合作用和线粒体电子转移中的电子供体。而 MDHA 则常常扮演电子受体的角色。④ 参与物质的合成。例如，抗坏血酸可以断裂产生草酸和酒石酸。

在胞内环境，众多酶循环途径可使 AsA 库保持在相当的还原水平；而在胞外环境，AsA 的氧化还原状态更多地依赖于物种差异和植株所处的生理状态。AsA 库在植物细胞的胞内和胞外环境中所处的相对氧化还原状态以及维持该状态所涉及代谢物质或酶的水平或活性的改变，对植物抵抗一系列环境胁迫非常重要。

（2）谷胱甘肽（GSH 和 GSSG）

谷胱甘肽是由谷氨酸、半胱氨酸和甘氨酸形成的三肽化合物，广泛存在于动、植物细胞内，并在细胞内合成（Anderson，1998），作为抗坏血酸—谷胱甘肽体系重要的组成部分，在清除活性氧自由基方面发挥了重要的作用（Tanaka et al.，1985）。谷胱甘肽分为还原型谷胱甘肽（GSH）和氧化型谷胱甘肽（GSSG）两类，其中 GSH 含量占到约 99.5%。

谷胱甘肽是一种非常特殊的氨基酸衍生物，它的活性成分是半胱氨酸中的巯基，在谷氨酸与半胱氨酸之间存在一个不多见的 γ-肽键，从而保护了 GSH 被许多肽酶的水解。1921

年 Hopkins 首先发现了谷胱甘肽，1931 年 Rapkine 第一次报道巯基化合物的浓度在有丝分裂期间发生了变化，这个变化证实了存在 GSH/GSSG（还原/氧化）循环，并提示巯基化合物可能具备一些基本的生物学功能。

GSH 不仅可以作为 GR 的底物通过 Halliwell-Asada 途径清除 H_2O_2，也可以作为抗氧化剂直接清除活性氧，在此过程中自身被氧化成氧化型谷胱甘肽。Luwe 等人研究发现，O_3 熏蒸 24 小时后，植物体内大约有 89% 的 GSH 转化成了 GSSG，但是总的谷胱甘肽量似乎变化不大，这种结论也被其他研究所认可。但是，也有研究得出不一致的结论，认为 O_3 熏蒸会造成植物叶片中总谷胱甘肽量，特别是叶尖的总谷胱甘肽量的减少。Mahalingam 等在 2006 年的拟南芥实验得出了 GSH 含量呈现出先升高后降低的趋势，实验现象跟 AsA 基本一致，原因与 AsA 类似，这可能是由于在 O_3 处理初期，GSH 含量的增加对于提高拟南芥清除活性氧自由基的效率，抵御活性氧自由基的伤害和减轻活性氧自由基的伤害作用等方面起到了积极的作用。胁迫后期 GSH 含量的减少也可能与长时间的胁迫使拟南芥自身抗氧化物质结构遭到破坏，抗氧化物质含量降低有关，造成活性氧自由基的快速积累。

（3）类胡萝卜素（Car）

类胡萝卜素在 $^1O_2$ 猝灭系统中具有最重要的生物学意义，有 α-胡萝卜素、β-胡萝卜素与叶黄素三种形式，以 β-胡萝卜素含量最高。

Car 存在于叶绿体内，一方面阻止激发态叶绿素分子的激发能从反应中心向外传递；另一方面，它也保护叶绿素分子免遭光氧化损伤。另外，Car 在吸收光能方面也起重要作用。作为 Car 的重要组成部分，β-胡萝卜素具有非常有效的 $^1O_2$ 清除作用，它可直接猝灭 $^1O_2$ 或通过猝灭三线态叶绿素（^3Chl）阻止 $^1O_2$ 的形成，从而保护叶绿素免受活性氧伤害，减少其对植物光合作用细胞结构的伤害。但 β-胡萝卜素的抗氧化作用受氧浓度的影响，低氧压下有良好的抗氧化作用；高氧压下，它会转化成自由基的形式加速氧化进程。Wustman 等 2001 年的研究表明 O_3 浓度升高降低了白杨叶片中 Car 的含量，并且使得欧洲赤松（*Pinus sylvestris*）和挪威云杉（*Picea abies*）叶片中的脯氨酸（Proline，Pro）含量降低。高浓度 O_3 在一定程度上降低了木本植物抵御抗氧化损伤的能力，原因是 Car 和脯氨酸等植物体内重要的抗氧化物质含量减少。

此外，二甲基亚砜、苯甲酸、异丙醇、硫脲与尿素可直接清除·OH，次生代谢物质多酚、单宁与黄酮类物质可直接清除 O_2^-，其中如没食子酸丙酯（PG）清除 O_2^- 的能力与超氧化物歧化酶（SOD）十分接近。一些渗透调节物质如脯氨酸、甜菜碱与甘露醇等同样具有清除活性氧的能力。

1.2.2.2 酶促物质对 O_3 胁迫的调节作用

（1）超氧化物歧化酶（SOD）

SOD 是植物体内发现的唯一专职清除 O_2^- 的抗氧化酶，是清除活性氧自由基的关键酶，是目前在植物组织中发现的唯一能把 O_2^- 还原成 H_2O_2，同时还能将 O_2^- 氧化为 O_2 的抗氧化酶，起着核心作用。SOD 是一种含金属的酶，根据金属辅助因子的不同，植物体内的 SOD 可分为 Cu/Zn-SOD、Fe-SOD、Mn-SOD 三种类型，可以统称为 SODs。其中，Mn-SOD 主要存在于线粒体中，叶绿体中也有发现；Fe-SOD 主要分布于基质中，少量存在膜间介质中，在大部分植物叶绿体中都存在；Cu/Zn-SOD 主要存在于细胞溶质中。SOD 主要存细胞溶质中（以 Cu/Zn-SOD 为主），其次分布在线粒体中（以 Mn-SOD 为主），线粒体内膜呼吸链是植物体内产生 $O_2^{\cdot-}$ 的重要来源，包围在线粒体内膜两侧的基质和膜间介质存在大量 SOD，使内膜产生的 $O_2^{\cdot-}$ 及时被清除。叶片 SOD 同工酶的形式受其发育阶段调控，幼叶中 Cu/Zn-SOD 较为丰富，其活性随叶龄增加而下降；而老叶中主要为 Fe-SOD 和 Mn-SOD。一般认为，这 3 种酶都是核编码的，如果细胞某个部位需要，就通过 -NH$_2$ 末端定位顺序运至该细胞中起作用。SOD 可以催化两个 $O_2^{\cdot-}$ 发生歧化反应，生成 H_2O_2 和 O_2，反应式为：$O_2^{\cdot-} + O_2^{\cdot-} + 2H^+ \xrightarrow{\text{SOD}} H_2O_2 + O_2$，产生的 H_2O_2 再继续被其他相关酶类清除。H_2O_2 虽然是一种比 $O_2^{\cdot-}$ 毒性低的活性氧，但在 $O_2^{\cdot-}$ 存在条件下 H_2O_2 会生成毒性非常强的 $\cdot OH$。SOD 清除了 $O_2^{\cdot-}$ 并同时阻止 Fe^{3+} 受 $O_2^{\cdot-}$ 作用还原生成 Fe^{2+}，而 Fe^{2+} 是 Fenton 反应（该反应可以产生 $\cdot OH$）重要的催化剂。

SOD 的活性水平受两方面影响：O_3 胁迫时间和胁迫强度。从胁迫时间看，大致呈现在胁迫初期 SOD 活性增加，但随着胁迫时间的延长 SOD 活性逐渐下降。从胁迫强度看，郑启伟等 2005 年对小麦的研究发现，当 O_3 浓度较低时，SOD 活性随 O_3 值的升高呈增加的趋势，但是，当 O_3 值大于某一限值时，SOD 活性随 O_3 浓度升高而急剧下降，这也就是不同实验得出的 SOD 活性随时间变化趋势不一样的原因。

（2）过氧化物酶（POD）

POD 是一种氧化还原酶，属植物的呼吸功能酶，它在抑制植物膜脂过氧化方面发挥重要的作用。POD 广泛存在于植物体内不同组织中，它作为活性较高的适应性酶，能够反映植物生长发育的特点、体内代谢状况以及对外界环境的适应性。POD 的作用具有双重性，一方面，POD 可在逆境或衰老初期表达，以 SOD 的反应产物 H_2O_2 为反应底物，经过一系列的反应，最终将过氧化氢转化为 H_2O 从而起到了解毒的作用，表现为保护效应；另一方面，POD 也可在逆境或衰老后期表达，参与活性氧的生成、叶绿素的降解，并能引发膜脂过氧化作用，表现为伤害效应，是植物体衰老到一定阶段的产物，甚至可作为衰老指标。

（3）过氧化氢酶（CAT）

CAT 是一种包含血红素的四聚体酶，存在于所有的植物细胞中，同 POD 一样，CAT 的反应底物也是 H_2O_2，它可将 H_2O_2 迅速分解为 H_2O 和 O_2，对 O_3 的响应规律大致同 POD 一样，低浓度的 O_3 会使得植物体内 CAT 活性增加，过高的 O_3 浓度和较长的胁迫时间会导致 CAT 活性的下降，此外，CAT 活性还受植物品种的影响。CAT 有多种基因编码，因此存在多个同系物，全先庆和高文的研究确证了烟草中存在三种 CAT 基因编码的蛋白质，CAT$_1$ 基因产物主要清除光呼吸过程中产生的 H_2O_2，CAT$_2$ 基因产物可清除活性氧胁迫过程中产生的 H_2O_2，CAT$_3$ 基因产物主要清除乙醛酸循环体中脂肪酸 β-氧化产生的 H_2O_2。

（4）抗坏血酸过氧化物酶（APX）

在植物细胞内，APX 以 AsA 为底物，清除 H_2O_2，而 AsA 转化成氧化态的 MDHA、DHA，在清除活性氧物质方面起到重要的作用。目前已知的 APX 至少存在于细胞的四种位置：叶绿体基质（sAPX）、类囊体膜（tAPX）、线粒体（mAPX）和细胞质（cAPX）。

O_3 熏蒸下 APX 活性变化大致会呈现初期增加、后期降低的趋势。在水稻、油松、银杏实验中都发现具有此规律。高浓度 O_3 处理前期，银杏叶片 APX 活性显著高于对照（$P <$

0.05），随着处理时间的延长，处理植株体内 APX 活性逐渐降低，处理后期时已经显著低于对照。

（5）抗坏血酸还原酶（DHAR 和 MDAR）

抗坏血酸还原酶根据作用底物的不同分为脱氢抗坏血酸还原酶（DHAR）和单脱氢抗坏血酸还原酶（MDAR）。与 APX 相对应，DHAR 和 MDAR 则是将氧化态的 MDHA 和 DHA 转化成还原态的 AsA。

DHAR、MDAR 作为 Halliwell-Asada 循环中重要的酶类，一般在 O_3 胁迫初期，DHAR 和 MDAR 活性增强，这样也保证了 AsA 在一定的含量水平，随着 O_3 胁迫时间的延长，DHAR 和 MDAR 的活性降低、还原能力下降，外部表现出来的就是 AsA 含量的降低。这是因为在 O_3 胁迫初期，APX 以 AsA 为底物清除 H_2O_2 的速率加快，生成了 MDHA 和 DHA，同时 MDAR（以 MDHA 为反应底物）和 DHAR（以 DHA 为反应底物）活性被刺激提高，保证了 AsA 的含量，这也与 Batestrasse 等人的发现相一致。但随着 O_3 胁迫时间的延长，MDAR 和 DHAR 还原能力降低，从而减少了 MDHA 和 DHA 的还原，AsA 含量也显著减少。

1.3 O_3 对农作物产量影响研究

大气 O_3 浓度升高使农作物产量减产已经引起全世界的高度关注，已经关系到粮食安全问题。美国农业部和环保局建立的全国农作物损失评价网（The National Crop Loss Assessment Network，NCLAN）研究表明，当 O_3 季节平均浓度达到 $60\sim70$ nL·L^{-1} 时，几乎所有农作物产量均有不同程度下降，且降幅与 O_3 浓度的升高呈线性关系。作物在 O_3 胁迫下表现出叶面积减少、光合速率降低、呼吸作用加强和植物早衰，从而影响光合积累，对作物的生长和产量产生不利影响。

1.3.1 减产机理

作物的减产通常由光合作用能力降低和供应繁殖器官生长发育以及种子形成所需营养物质的吸收能力降低所致。据预测，受大气 O_3 浓度迅速升高的影响，2020 年中国春小麦和大豆的减产将分别达到 30% 和 20%。尽管中国对地表大气 O_3 浓度的数据掌握还非常有限，但已有的数据表明 O_3 浓度已经达到了损害作物产量的潜在水平。

O_3 对作物产量的影响与 O_3 浓度、暴露时间、暴露方式、暴露时期以及作物品种密切相关，不同作物对 O_3 的敏感程度不同。大量研究发现，O_3 暴露往往通过降低穗数（或荚数）和每穗、每小穗（或每荚）子粒数以及单粒重来降低作物产量。在我国长三角地区的研究也表明，O_3 主要通过降低水稻的穗粒数、结实率、千粒重以及单穗粒重来引起水稻产量的损失。Morikawa 等于 1980 年比较了在三个生育期造成的产量损失情况，发现灌浆期引起的损失最大。陈展等对水稻灌浆期 O_3 暴露的研究结果表明虽然灌浆期短期高浓度 O_3 暴露对其产量没有显著影响，但与全生育期相比，水稻产量对灌浆期的高浓度 O_3 更为敏感。

O_3 对产量的影响可以通过对植物繁殖器官的直接影响或对营养器官伤害的间接影响来实现。有研究发现，长期低浓度 O_3 暴露可以提高小麦、大豆和菜豆的产量。还有报道指出，个别作物品种能够耐受低浓度 O_3 对其造成的叶片可见伤害和生物量减少，而不降低产量，如马铃薯、棉花和小麦。1998 年 Stewart 研究发现，芸苔在开花期暴露在 O_3 浓度为 70 nL·L^{-1} 中每天 7 h，连续 2 天或 10 天，虽能导致叶片可见伤害和显著降低的净光合速率以及减少的终端总状花序花数，但对产量并没有造成影响。另外，同一作物的营养器官和生殖器官对 O_3 的敏感性可能不同。比如，把番茄暴露于 O_3 浓度为 250 nL·L^{-1} 或 350 nL·L^{-1} 下，每天 2.5 h，每周 3 天，连续 15 周，番茄的茎和叶干重显著降低，但只有把番茄暴露于 O_3 浓度为 350 nL·L^{-1} 下时才使果实产量降低。这表明番茄繁殖器官的敏感性低于营养器官，并且产量的降低是由于小部分果实而不是果实平均重量的降低。与此类似，一些研究表明在营养器官还没有表现出可见伤害的情况下，O_3 就能显著降低作物产量。也就是说，靠可见症状来评价 O_3 对作物繁殖行为是否产生伤害是有局限的。

不同作物的产量和产量构成对与 O_3 反应的敏感程度不同，这反映了它们耐受或修复繁育器官伤害的能力，或者说对产量损失的补偿能力存在本质差别。有些作物种类具有抵抗 O_3 伤害并维持种子产量的能力，说明它们具有较强的耐受力或者较强的同化产物再分配能力以保证修复生长所需。油菜和芸苔对 O_3 引起的生殖位置损伤都具有补偿能力，但两者进行修复和补偿的机制不同。这些补偿机制的不同可能由于两个物种之间存在着内在的不同生长发育模式所致。

1.3.2　剂量响应关系

自 20 世纪 80 年代，欧美国家开始研究近地层 O_3 浓度升高对农作物的生长发育和产量所造成的威胁，其研究表明农作物长期暴露在高浓度 O_3 环境中会产生负面的累积效应，并发现这种累积效应不仅与暴露浓度和频度相关，还与农作物自身敏感性相关。在研究过程中，人们还发现实验数据和实验条件的局限性，并充分认识到模型研究的重要意义：通过建立模型，确定生理过程与环境因子之间的数量关系，从机理上认识变化的机制，并对各种过程给予理论解释；另外，利用模型还可以对未来的情况进行预测和评估。

根据与作物生长关系的密切程度，可把已有的模型分为统计模型和机理模型两大类。机理模型是近年的研究热点，目前主要的机理模型有与作物生长相结合的作物损失评价 CLASS 模型、基于叶片内氧化反应机理的 ECOpHYS-O_3 模型和结合作物生长的 AFRCWHEAT2-O_3 模型。统计模型又可分为浓度模型、剂量模型和通量模型。

1.3.2.1　浓度响应关系模型

1980 年美国农业部和环境保护局创建了全国农作物损失评价网（The National Crop Loss Assessment Network，NCLAN），在全美范围农田内利用（Open-Top Chambers，开顶箱），使用标准的实验方案研究 O_3 对农作物（大麦、棉花、马铃薯、小麦、玉米、莴苣、花生、菜豆、大豆、芜箐、高粱、烟草）生长和产量的影响。用 7 h·d^{-1}（9:00～16:00）季节平均 O_3 浓度和作物产量来建立浓度响应关系模型。

研究最初普遍认为 O_3 浓度增加与作物产量下降之间存在较好的线性关系，方程为：$y = a + b \cdot x$，y 为作物单株产量，x 为生长季内每天 7 小时 O_3 浓度平均值，a、b 为回归系数。进而根据单株产量推算出 O_3 浓度与作物产量损失百分率。

简单的线性方程虽也能描述作物产量对 O_3 的响应，但不能反映大多数作物产量对 O_3 响应的非线性特点。Weibull 函数具有线性方程所不具备的较好的生物学合理性，能较好地反映作物产量对 O_3 的响应特征，具有很好的经济价值。Weibull 函数为：$y = \alpha \exp[-(c/\omega)^\lambda]$。其中 y 为作物产量；α 为 O_3 浓度为 0 时的理论产量；c 为 O_3 浓度；ω 为 O_3 剂量的尺度参数；λ 为损失率变化的形态参数。α 包含了实验地、品种等外在因素造成的影响。该函数的特点是作物产量随 O_3 浓度的增加而下降，缺点是其为单调递减函数，不能反映低浓度 O_3 对作物产量的刺激作用。

随后，欧洲和其他国家也按照 NCLAN 的基本方法和实验设计研究 O_3 对农作物的损失影响。我国在这方面也做了大量工作，中国气象科学院于 1992 年设计并建立 OTC-1。王春乙等用该 OTC 研究多种农作物在暴露条件下生长和产量的变化，并参考美国 NCLAN 实验资料，推算出 O_3 浓度变化对我国主要农作物（冬小麦、玉米、大豆）产量损失的可能影响。

1.3.2.2 累积剂量响应关系模型

国外学者从 20 世纪 60 年代就开始了 O_3 与作物生长关系的研究。为描述 O_3 污染对植物体的危害程度，基于环境 O_3 浓度的风险评价指标 SUM06（每小时 O_3 浓度大于 $60\ nL·L^{-1}$ 的累积 O_3 暴露值）和 AOT40（每小时 O_3 浓度大于 $40\ nL·L^{-1}$ 的累积 O_3 暴露值）先后被提出。这两个指标表示一定时间内环境 O_3 浓度的累积量（即 O_3 暴露剂量），较好地反映了 O_3 污染对植物体的潜在威胁，因而被广泛应用到 O_3 的胁迫分析中。

欧美研究表明，高浓度 O_3 长期暴露对农作物造成的负面影响是由 O_3 累积效应所引起的，只考虑 O_3 浓度显然不合理。根据长期的研究资料，他们提出了 O_3 剂量概念。对美国 NCLAN 数据分析发现，$50\sim87\ nL·L^{-1}$ 的 O_3 浓度出现的频度是美国农作物对 O_3 响应的最佳预测值，SUM06（$60\ nL·L^{-1}$ 为临界浓度）作为一种简单的评价指标得到美国环境保护局（EPA）的认可。联合国欧洲经济委员会（UNECE）确定临界浓度为 $40\ nL·L^{-1}$，并相应建立 AOT40（Accumulated Exposure Over a Threshold Ozone Concentration of $40\ nL·L^{-1}$）指标。

剂量响应关系模型，不仅测量参数及暴露指标计算易被理解，且 O_3 暴露量与光合效率、作物生长产量呈明显负相关，因此早期全世界范围内就以 AOT40 建立大气质量标准。然而，这些评价指标仍有不足之处：只考虑周围环境中 O_3 浓度，没有考虑生物因素和气象因素的影响，忽略植物实际吸收与实际吸收量 O_3 浓度的关系。

1.4 O_3 交换通量研究

越来越多的研究发现，O_3 对植物的危害与透过表皮到达植物体内部的 O_3 数量（即 O_3 吸收通量）直接相关。植物体 O_3 吸收通量受环境 O_3 浓度和叶片气孔导度的共同制约。由于环境因子对气孔运动和表面氧化反应速率的影响，外界 O_3 浓度较高时（高温、高光强），植物体气孔导度不一定较高，高 O_3 浓度并不一定导致高 O_3 通量。基于浓度的 O_3 风险评价指标（AOT40 和 SUM06）只考虑了环境 O_3 浓度的变化，忽略了植物体对 O_3 吸收的调节，所以在用于对作物产量损失的定量分析中具有一定的欠缺。为准确估计 O_3 对作物产量的影响，基于 O_3 通量的研究方法被提出并被用于 O_3 剂量响应研究中。

目前，O_3 通量的研究方法主要有气象学方法、通量箱法和模型拟合法三种：

① 气象学方法主要基于涡度相关原理，通过建立通量监测塔，连续监测一定时间内某一下垫面上 O_3 和风速在垂直方向上的脉动来计算 O_3 通量。该方法对测量环境没有干扰，实现了气体通量的大尺度连续监测，但涡度相关技术对测量环境要求较高，即要求有稳定的观测环境（痕量气体的浓度不随时间而改变）和平坦均一的下垫面，此外，涡度相关研究的成本也相对较高。

② 通量箱法是另一种直接测量植物体 O_3 通量的研究方法，利用通量箱测量植物体枝条或整个冠层水平上的 O_3 通量。该方法通常采用开放式测量系统，箱体采用透明材料制成，从而保证了箱内环境条件（如温度、光强等）接近外界自然环境。由于 O_3 的强氧化性，通量箱箱体通常采用化学性质稳定的材料（玻璃、特氟隆等）制成，从而减少背景 O_3 通量值，提高测量精度。通量箱大部分时间保持开放，以保证植物体的正常生长，只在测量时进行短时关闭，同时测量通量箱进出气口 O_3 浓度。在对植物通量箱进行通量测量的同时，对空箱 O_3 吸收情况也进行了测量，通过质量平衡方程，将空箱 O_3 吸收值减去，从而得到植物体净 O_3 吸收量。通量箱法原理简单，测量精度较高，但对植物生长环境具有一定的干扰，可能会给实验结果带来一定的误差。由于通量监测系统建立的复杂性和高成本，模型拟合法被提出并被广泛用于叶片尺度的 O_3 通量预测研究中。

③ 模型拟合法以连续监测的气孔导度和环境因子（光、温度、水汽压差、土壤含水量等）数据为基础，利用边界线分析方法得到气孔导度与各环境因子之间的关系，利用 Jarvis 模型建立气孔导度与各驱动因子的函数关系式。根据连续监测的环境因子数据计算连续的气孔导度数据，最后利用通量计算方程计算得到连续的气孔 O_3 通量。该方法对环境干扰很小，能够实现气孔 O_3 通量的长期连续监测。但目前该方法主要应用于叶片尺度研究，由于植物体生长受整个冠层 O_3 吸收的影响，将叶片尺度的通量研究结果向冠层尺度上推广时存在一定的不确定性。此外，野外测量时，环境因子间存在一定的干扰，这在一定程度上造成了模型精度的下降。

利用不同的通量研究方法，许多学者发现冠层 O_3 通量基本呈单峰型日变化模式。由于光强、温度等环境因子对气孔导度和表面化学反应速率的影响，通量峰值通常出现在中午前后。不同时期，植物体生长状态（气孔导度、叶面积等）不同，冠层 O_3 通量也因此呈现不同的生育期变化模式。

植物冠层对 CO_2 的净吸收量可以反映生态系统生产力的大小，在以往的研究中，植物体对 CO_2 的同化能力通常利用便携式光合作用系统在叶片尺度上进行测量，也有学者用箱式法进行冠层 CO_2 通量的测定。但冠层 CO_2 通量很少与 O_3 暴露实验一起研究。由于 O_3 胁迫可以显著降低植物体气孔导度和光合能力，从而降低植物冠层 CO_2 通量，影响植物体生物量和产量的累积，因此，同时测定植物 O_3 和 CO_2 通量对评价 O_3 污染对植物体生长的影响具有重要意义。

1.5 抗氧化剂效果研究

对植物体施用抗氧化剂是缓解 O_3 胁迫和评价 O_3 风险的有效途径之一，该方法可以在自然环境下进行，从而减少了控制实验中实验装置对植物体生长的干扰。EDU （ethylenediurea，N-[2-（2-氧-1-咪唑烷基）乙基]-N'-苯基脲）是近年来在 O_3 胁迫研究中使用较多的一种物质，因其对 O_3 的专一抗性而被广泛用于环境 O_3 风险评价中。目前，EDU 对植物体的作用机理尚不明确，其作用效果可能受多种因素影响。通过叶片喷施、茎干注射和土壤浇灌等方式，国外学者发现 EDU 可以显著减轻 O_3 对植物体的伤害，但也有研究表明 EDU 处理下植物体的生长会受到明显抑制。目前，国内关于 EDU 保护作用的研究很少，关于 EDU 处理对我国作物和林木的抗 O_3 保护效果有待进一步明确。

多胺（Polyamines，PAs）是一种抗氧化剂，是一类广泛分布于植物细胞中的小分子量、具有生物活性的脂肪族含氮碱，常见的多胺包括腐胺（Put）、尸胺（Cad）、亚精胺（Spd）、精胺（Spm）等。植物中多胺常常以阳离子形式存在，能被动地束缚几种生物分子，如 DNA、蛋白质、膜磷脂和果胶多糖，参与蛋白质磷酸化、转录后修饰，从而影响植物体内 DNA、RNA 和蛋白质生物合成，还能调整酶活性，保持离子平衡，并作为激素媒介加速细胞分化等，从而调节植物体的生长发育和提高植物的抗逆性，因此，多胺被认为在生物体内信号传递中起"第二信使"的作用。在不同的环境胁迫下，多胺含量的改变可以稳定膜的结构，调节生物大分子合成，提高植物抗氧化酶活性，清除活性氧，抑制乙烯合成。

亚精胺（spermidine，Spd）是多胺的一种，是由 Put 和腺苷甲硫氨酸生物合成的，可能因其分子结构独特而对植物的抗胁迫能力更为明显。一些研究发现，Spd 和 Spm 可以与自由基相结合，通过阻止脂质过氧化来抵制氧化胁迫。段辉国等 2006 年的研究也表明外源 Spd 的喷施可提高渗透胁迫下小麦幼苗质膜的稳定性和完整性，从而提高植物的抗渗透胁迫的能力。据报道，在渗透胁迫下抗性强的小麦品种，其叶片含有较高浓度的自由态亚精胺（Free-Spd）和自由态精胺（Free-Spm），而抗性弱的品种，其叶片自由态腐胺（Free-Put）含量较高，因此推断高的（Free-Spd + Free-Spm）/Free-Put 比值有利于提高小麦抗渗透胁迫能力。Spd 可能从两方面缓解植物环境胁迫：一方面，Spd 诱导了多胺的合成，使其在植物体内大量积累，从而促进酶蛋白的合成，提高了总酶的活性；同时多胺也可以直接结合到酶分子上，提高了单位酶的活性，减缓 O_3 胁迫下 $O_2^{·-}$ 的产生速率，降低植物细胞内 ROS 对植物膜系统的伤害。另一方面，Spd 的多聚阳离子特性使其能够与膜上的酸性蛋白质、膜磷脂层、细胞壁等组分通过非共价键结合并维持细胞膜的稳定性和完整性，从而减缓了膜脂过氧化的发生。据 Hummel 等 2002 年的研究，环境胁迫下植物组织内 Free-Put 含量上升对植物生长不利，而当 Free-Put 含量不断向 Free-Spd 和 Free-Spm 转化时将提高植物的抗逆性。在生物体内 Free-Put 是 Spd 合成的前体，Spd 通过反应生成精胺。植物喷施外源 Spd 后，通过叶片的吸附作用使植物体内保持较高的 Spd 含量，而高含量的 Spd 对腐胺的合成将产生负反馈作用，从而降低植物体内腐胺的含量，提高精胺的含量，这样有利于提高植株的抗逆能力。

参考文献

[1] Altimir N，Vesala T，Keronen P，et al. Methodology for direct field measurements of ozone flux to foliage with shoot chambers. Atmospheric Environment，2002，36（1）：19-29.

[2] Anderson M. Glutathione：an overview of biosynthesis and modulation. Chemico-biological interactions，1998，111：1-14.

[3] Anttonen S，Herranen J，Peura P，et al. Fatty acids and ultrastructure of ozone-exposed Aleppo pine（*Pinus halepensis* Mill.）needles. Environmental Pollution，1995，87（2）：235-242.

[4] Asada K，Kanematsu S. Reactivity of thiols with superoxide radicals. Agricultural and Biological Chemistry，1976，40（9）：1891-1892.

[5] Asada K，Takahashi M. Production and scavenging of active oxygen in photosynthesis. Photoinhibition，1987，9：227-288.

[6] Asada K. Ascorbate peroxidase-a hydrogen peroxide-scavenging enzyme in plants. Physiologia Plantarum，1992，85（2）：235-241.

[7] Asada K. The water-water cycle as alternative photon and electron sinks. Philosophical Transactions of the Royal Society of London. Series B：Biological Sciences，2000，355（1402）：1419-1431.

[8] Asard H，Horemans N，Caubergs R J. Involvement of Ascorbic-Acid and a B-Type Cytochrome in Plant Plasma-Membrane Redox Reactions. Protoplasma，1995，184（1-4）：36-41.

[9] Balaguer L，Barnes J D，Panicucci A，et al. Production and utilization of assimilates in wheat（*Triticum aestivum* L.）leaves exposed to elevated O_3 and/or CO_2. New Phytologist，1995，129（4）：557-568.

[10] Balestrasse K B，Gardey L，Gallego S M，et al. Response of antioxidant defence system in soybean nodules and roots subjected to cadmium stress. Australian Journal of Plant Physiology，2001，28（6）：497-504.

[11] Benton J，Fuhrer J，Gimeno B S，et al. An international cooperative programme indicates the widespread occurrence of ozone injury on crop. Agriculture，Ecosystems & Environment，2000，78（1）：19-30.

[12] Borrell A，Carbonell L，Farras R，et al. Polyamines inhibit lipid peroxidation in senescing oat leaves. Physiologia Plantarum，1997，99（3）：385-390.

[13] Bortier K，Dekelver G，De Temmerman L，et al. Stem injection of *Populus nigra* with EDU to study ozone effects under field conditions. Environmental Pollution，2001，111（2）：199-208.

[14] Bowler C，Montagu M V，Inzé D. Superoxide-dismutase and stress tolerance. Annual Review of Plant Physiology and Plant Molecular Biology，1992，43（1）：83-116.

[15] Campbell G S，Norman J M. An Introduction to Environmental Biophysics. 2nd ed. Berlin：Springer，1998：286-286.

[16] Cannon W N Jr，Roberts B R，Barger J H. Growth and physiological response of water-stressed yellow-poplar seedlings exposed to chronic ozone fumigation and ethylenediurea. Forest Ecology and Management，1993，61（1-2）：61-93.

[17] Casano L M，Martin M，Sabater B. Sensitivity of superoxide-dismutase transcript levels and activities to oxidative stress is lower in mature-senescent than in young barley leaves. Plant Physiology，1994，106（3）：1033-1039.

[18] Castillo F J，Greppin H. Extracellular ascorbic-acid and enzyme-activities related to ascorbic-acid metabolism in *Sedum album L.* leaves after ozone exposure. Environmental and Experimental Botany，1988，28（3）：231-238.

[19] Cathey H M，Heggestad H E. Ozone sensitivity of herbaceous plants：Modification by ethylenediurea. Journal of the American Society for Horticultural Science，1982，107：1035-1042.

[20] Chen Z，Wang X K，Feng Z Z，et al. Effects of elevated ozone on growth and yield of field-grown rice in Yangtze River Delta，China. Journal of Environmental Sciences，2008，20（3）：320-325.

[21] Davies M，Austin J，Partridge D. Vitamin C：its chemistry and biochemistry. Royal Society of Chemistry，1991.

[22] Drolet G，Dumbroff E，Legge R，et al. Radical scavenging properties of polyamines. Phytochemistry，1986，25（2）：367-371.

[23] Emberson L D，Ashmore M R，Cambridge H M. Development of methodologies for mapping Level II Critical Levels of Ozone. Imperial College of London，DETR Report No. EPG 1/3/82. 1998.

[24] Erickson L C，Wedding R T. Effects of ozonated bexene on photosynthesis and respiration of *Lemna minor*. American Journal of Botany，1956，43（1）：32-36.

[25] Escuredo P，Minchin F，Gogorcena Y，et al. Involvement of activated oxygen in nitrate-induced senescence of pea root nodules. Plant Physiology，1996，110（4）：1187.

[26] Feng Z W，Jin M H，Zhang F Z，et al. Effects of ground-level ozone（O_3）pollution on the yields of rice and winter wheat in the Yangtze River Delta. J Environ Sci，2003，15（3）：360-362.

[27] Finnan J M，Jones M B，Burke J I. A time-concentration study on the effects of ozone on spring wheat（*Triticum aestivum* L.）. 1. Effects on yield. Agriculture，Ecosystems & Environment，1996，57（2-3）：159-167.

[28] Foster K W，Timm C K，Labanauskas C K，et al. Effects of ozone and sulfur dioxide on tuber yield andquality of potatoes. Journal of Environmental Quality（US），1983a，12（1）：75-80//Donnelly A，Craigon J，Black C R，et al. Elevated CO_2 increases biomass and tuber yield in potato even at high ozone concentrations. New Phytologist，2001，149（2）：256-274.

[29] Foyer C H，Halliwell B. Presence of glutathione and glutathione reductase in chloroplasts - proposed role in ascorbic-acid metabolism. Planta，1976，133（1）：21-25.

[30] Fuhrer J，Skärby L，Ashmore M R. Critical levels for ozone effects on vegetation in Europe. Environmental Pollution，1997，97（1-2）：91-106.

[31] Glick R E，Schlagnhaufer C D，Arteca R N，et al. Ozone-induced ethylene emission accelerates the loss of ribulose-1,5-bisphosphate carboxylase/oxygenase and nuclear-encoded mRNAs in senescing potato leaves. Plant Physiology，1995，109（3）：891.

[32] Gonzalez-Fernandez I，Bass D，Muntifering R，et al. Impacts of ozone pollution on productivity and forage quality of grass/clover swards. Atmospheric Environment，2008，42（38）：8755-8769.

[33] Granat L，Richter A. Dry deposition to pine of sulphur dioxide and ozone at low concentration. Atmospheric Environment，1995，29（14）：1677-1683.

[34] Grünhage L，Haenel H D，Jäger H J. The exchange of ozone between vegetation and atmosphere：micrometeorological measurement techniques and models. Environmental Pollution，2000，109：373-392.

[35] Hayakawa T，Kanematsu S，Asada K. Occurrence of Cu，Zn-superoxide dismutase in the intrathylakoid space of spinach-chloroplasts. Plant and Cell Physiology，1984，25（6）：883-889.

[36] Heagle A S，Phibeck R B. Exposure techniques. In：Methodology for the Assessment of Air pollution Effects on Vegetation. Pittsburgh，Pennsylvania：AIR pollution Control Association，1979：616-619.

[37] Heck W C，Adams R M. A reassessment of crop loss from ozone. Environmental Science and Technology，1983，17：572-581.

[38] Hofer N，Alexou M，Heerdt C，et al. Seasonal differences and within-canopy variations of antioxidants in

mature spruce（*Picea abies*）trees under elevated ozone in a free-air exposure system. Environmental Pollution，2008，154（2）：241-253.

[39] Hogg A，Uddling J，Ellsworth D，et al. Stomatal and non-stomatal fluxes of ozone to a northern mixed hardwood forest. Tellus B，2007，59（3）：514-525.

[40] Hummel I，Couee I，ElAmrani A，et al. Involvement of polyamines in root development at low temperature in the subantarctic cruciferous species *Pringlea antiscorbutica*. Journal of experimental botany，2002，53（373）：1463-1473.

[41] Ishikawa T，Yoshimura K，Sakai K，et al. Molecular characterization and physiological role of a glyoxysome-bound ascorbate peroxidase from spinach. Plant and Cell Physiology，1998，39（1）：23.

[42] Khan M R，Wajid Khan M. Single and interactive effects of O_3 and SO_2 on tomato. Environmental and Experimental Botany，1994，34（4）：461-469.

[43] Kobayashi K，Okada M，Nouchi I. Effects of ozone on dry matter partitioning and yield of Japanese cultivars of rice（*Oryza sativa* L.）. Agriculture，Ecosystems and Environment，1995，53：109-122.

[44] Köstner B，Matyssek R，Heilmeier H，et al. Sap flow measurements as a basis for assessing trace-gas exchange of trees. Flora，2008，203（1）：14-33.

[45] Kramer G F，Norman H A，Krizek D T，et al. Influence of UV-B radiation on polyamines，lipid peroxidation and membrane lipids in cucumber. Phytochemistry，1991，30（7）：2101-2108.

[46] Krupa S V，Kickert R N. The greenhouse effect：Impacts of ultraviolet-B（UV-B）radiation，carbon dioxide（CO_2），and ozone（O_3）on vegetation. Environmental Pollution，1989，61（4）：263-393.

[47] Lee E，Bennett J. Superoxide dismutase：a possible protective enzyme against ozone injury in snap beans（*Phaseolus vulgaris* L.）. Plant Physiology，1982，69（6）：1444.

[48] Lee M M，Lee S H，Park K Y. Effects of spermine on ethylene biosynthesis in cut carnation（*Dianthus caryophyllus* L.）flowers during senescence. Journal of plant physiology，1997，151（1）：68-73.

[49] Leipner J，Oxborough K，Baker N R. Primary sites of ozone-induced perturbations of photosynthesis in leaves：identification and characterization in *Phaseolus vulgaris* using high resolution chlorophyll fluorescence imaging. Journal of Experimental Botany，2001，52（361）：1689-1696.

[50] Liu H，Dong B，Zhang Y，et al. Relationship between osmotic stress and the levels of free，conjugated and bound polyamines in leaves of wheat seedlings. Plant Science，2004，166（5）：1261-1267.

[51] Loewus F. Ascorbic acid and its metabolic products. The biochemistry of plants：a comprehensive treatise，1988.

[52] Loewus F. L-Ascorbic acid：metabolism，biosynthesis，function. The Biochemistry of plants：a comprehensive treatise（USA），1980.

[53] Luwe M W F，Takahama U，Heber U. Role of Ascorbate in Detoxifying Ozone in the Apoplast of Spinach（*Spinacia-Oleracea* L）Leaves. Plant Physiology，1993，101（3）：969-976.

[54] Maggs R，Ashmore M R. Growth and yield responses of Pakistanrice（*Oryza sativa*. L）cultivars to O_3 and NO_2. Environ Pollut，1998，103（2）：159-170.

[55] Mahalingam R，Jambunathan N，Gunjan S，et al. Analysis of oxidative signalling induced by ozone in Arabidopsis thaliana. Plant，Cell & Environment，2006，29（7）：1357-1371.

[56] Malhotra S，Khan A. Biochemical and physiological impact of major pollutants. Air pollution and plant

life，1984，113-157.

[57] Mandle R H，Weinstein L H，Mccune D C，et al. A cylindrical open-top field chamber for exposure of plants to air pollutants in the field. Journal of Environmental Quality，1973，2：371-376.

[58] Manning W J. Use of protective chemicals to assess the effects of ambient ozone on plants.//Agrawal S B，Agrawal M. Environmental Pollution and Plant Responses. Boca Raton：Lewis Publishers，2000：247-258.

[59] Martin-Tanguy J. Metabolism and function of polyamines in plants：recent development（new approaches）. Plant Growth Regulation，2001，34（1）：135-148.

[60] Mehlhorn H，Tabner B，Wellburn A. Electron spin resonance evidence for the formation of free radicals in plants exposed to ozone. Physiologia Plantarum，1990，79（2）：377-383.

[61] Menser H A. Carbon filter prevents ozone fleck and premature senescence of tobacco leaves. Phytopathology，1966，56：466-467.

[62] Meyer U，Kolner B，Wilenbrink J，et al. Effects of different ozone exposure regimes on photosynthesis，assimilates and thousand grain weight in spring wheat. Agriculture，Ecosystems and Environment，2000，78（1）：49-55.

[63] Miyake C，Asada K. Thylakoid-Bound ascorbate peroxidase in spinach-chloroplasts and photoreduction of its Primary oxidation-product monodehydroascorbate radicals in thylakoids. Plant and Cell Physiology，1992，33（5）：541-553.

[64] Morikawa M，Matsumaru T，Matsuoka Y，et al. The effect of ozone on the growth of rice plants. Bulletin of the Chiba Prefectural Agricultural Experiment Station，1980，21:11-18.

[65] Mudd J. Effects of oxidants on metabolic function. Effects of Gaseous Air Pollution in Agriculture and Horticulture，1982：189-203.

[66] Oksanen E，Haikio E，Sober J，et al. Ozone-induced H_2O_2 accumulation in field-grown aspen and birch is linked to foliar ultrastructure and peroxisomal activity. New Phytologist，2004，161（3）：791-799.

[67] Oksanen E，Riikonen J，Kaakinen S，et al. Structural characteristics and chemical composition of birch（*Betula pendula*）leaves are modified by increasing CO_2 and ozone. Global Change Biology，2005，11（5）：732-748.

[68] Pell E J，Eckardt N A，Glick R E. Biochemical and molecular basis for impairment of photosynthetic potential. Photosynthesis Research，1994，39（3）：453-462.

[69] Peltonen P A，Vapaavuori E，Julkunen-tiitto R. Accumulation of phenolic compounds in birch leaves is changed by elevated carbon dioxide and ozone. Global Change Biology，2005，11（8）：1305-1324.

[70] Pleijel H，Skarby L，Wallin G，et al. Yield and grain quality of spring wheat（*Triticum aestivum* L.，cv. Drabant）exposed to different concentrations of ozone in open-top chambers. Environmental Pollution，1991，69（2-3）：151-168.

[71] Price A H，Atherton N M，Hendry G A F. Plants under drought-stress generate activated oxygen. Free Radical Research Communications，1989，8（1）：61-66.

[72] Reiling K，Davison A W. Effects of ozone on stomatal conductance and Photosynthesis in populations of *Plantago majoi* L. New Phytologist，1995，129（4）：587-594.

[73] Roshchina V V，Roshchina V D. Ozone and Plant Cell. Dordrecht：Kluwer Academic Publishers，2003：31-34.

[74] Saito K. Formation of-ascorbic acid and oxalic acid from-glucosone in Lemna minor. Phytochemistry，1996，41（1）：145-14.

[75] Sallas L，Kainulainen P，Utriainen J，et al. The influence of elevated O_3 and CO_2 concentrations on secondary metabolites of Scots pine（*Pinus sylvestris* L.）seedlings. Global Change Biology，2001，7（3）：303-31.

[76] Schcidegger C，Schroeter B. Effects of ozone fumigation on EpiPhytic Macrolichens：ultra-structure，CO_2 gas exchange and chloroPhyll fluorescence. Environmental Polluttion，1995，88（3）：345-354.

[77] Schnug E，Heym J，Achwan F. Establishing Critical Values for Soil and Plant Analysis by Means of the Boundary Line Development System（Bolides）. Communications in Soil Science and Plant Analysis，1996，27（13-14）：2739-2748.

[78] Shan Y，Feng Z，Izuta T，et al. The individual and combined effects of ozone and simulated acid rain on growth，gas exchange rate and water-use efficiency of *Pinus armandi* Franch. Environmental Pollution，1996，91（3）：355-361.

[79] Smirnoff N. The function and metabolism of ascorbic acid in plants. Annals of Botany，1996，78（6）：661-669.

[80] Tadolini B. Polyamine inhibition of lipoperoxidation. The influence of polyamines on iron oxidation in the presence of compounds mimicking phospholipid polar heads. Biochemical Journal，1988，249（1）：33-36.

[81] Tanaka K，Saji H，Kondo N. Immunological Properties of Spinach Glutathione-Reductase and Inductive Biosynthesis of the Enzyme with Ozone. Plant and Cell Physiology，1988，29（4）：637-642.

[82] Tanaka K，Suda Y，Kondo N，et al. O_3 Tolerance and the Ascorbate-Dependent H_2O_2 Decomposing System in Chloroplasts. Plant and Cell Physiology，1985，26（7）：1425-1431.

[83] Taylor G E. Plant and leaf resistance to gaseous air-pollution stress. New Phytologist，1978，80（3）：523-534.

[84] Tiburcio A，Campos J，Figueras X，et al. Recent advances in the understanding of polyamine functions during plant development. Plant Growth Regulation，1993，12（3）：331-340.

[85] Ting I P，Mukerji S. Leaf ontogeny as a factor in susceptibility to ozone：amino acid and carbohydrate changes during expansion. American Journal of Botany，1971，58（6）：497-504.

[86] Tingey D T，Reinert R A，Wickliff C，et al. Chronic ozone or sulfur dioxide exposures，or both，affect the early vegetative growth of soybean. Canadian Journal of Plant Science，1973，53：875-879.

[87] Wang X K，Zheng Q W，Yao F F，et al. Assessing the impact of ambient ozone on growth and yield of a rice（*Oryza sativa* L.）and a wheat（*Triticum aestivum* L.）cultivar grown in the Yangtze Delta，China，using three rates of application of ethylenediurea（EDU）. Environmental Pollution，2007，148（2）：390-395.

[88] Wang X P，Mauzerall D L. Characterizing distributions of surface ozone and its impact on grain production in China，Japan and South Korea：1990 and 2020. Atmospheric Environment，2004，38（26）：4383-4402.

[89] Weber J A，Scottclark C，Hogsett W E. Analysis of the relationships among O_3 uptake，conductance，and Photosynthesis in needles of *Pinus ponderosa*. Tree Physiology，1993，13（2）：157-172.

[90] Wolff S，Garner A，Deng R. Free radicals，lipids and protein degradation. Trends in Biochemical Sciences，1986，11（1）：27-31.

[91] Wustman B，Oksanen E，Karnosky D，et al. Effects of elevated CO_2 and O_3 on aspen clones varying in O_3 sensitivity：can CO_2 ameliorate the harmful effects of O_3. Environmental Pollution，2001，115（3）：473-481.

[92] Zhang J，Kirkham M. Drought-stress-induced changes in activities of superoxide dismutase，catalase，and peroxidase in wheat species. Plant and Cell Physiology，1994，35（5）：785.

[93] 白月明，郭建平，王春乙，等. 水稻与冬小麦对 O_3 的反应及其敏感性实验研究. 中国农业生态学报，2002，10（1）：13-16.

[94] 陈法军，戈峰，苏建伟. 用于研究大气二氧化碳体积分数升高对农田有害生物的田间实验装置. 生态学杂志，2005，24（5）：585-590.

[95] 陈展，王效科，谢居清，等. 水稻灌浆期 O_3 暴露对产量形成的影响. 生态毒理学报，2007，2（2）：208-213.

[96] 段辉国，雷韬，卿东红，等. 亚精胺对渗透胁迫小麦幼苗生理活性的影响. 四川大学学报：自然科学版，2006，43（4）：922-926.

[97] 段九菊，郭世荣，樊怀福，等. 盐胁迫对黄瓜幼苗根系脯氨酸和多胺代谢的影响. 西北植物学报，2006，26（12）：2486-2492.

[98] 郭水良，方芳，强胜. 不同温度对七种外来杂草生理指标的影响及其适应意义. 广西植物，2003，23（1）：73-76.

[99] 黄辉，王春乙，白月明，等. 大气中 O_3 和 CO_2 增加对大豆复合影响的实验研究. 大气科学，2004，28（4）：601-612.

[100] 黄益宗，黄玉源，李秋霞，等. 酸雨和 O_3 复合污染对尾叶桉幼苗的伤害及生理指标的影响. 科学研究月刊，2006，10：129-131.

[101] 黄益宗，李志先，黎向东，等. 酸沉降和大气污染对华南典型森林生态系统生物量的影响. 生态环境，2007，16（1）：60-65.

[102] 黄玉源，黄益宗，李秋霞，等. O_3 对南方 3 种木本植物的急性伤害症状及其生理指标变化. 生态环境，2006，15（4）：674-681.

[103] 黄玉源，黄益宗，张施君，等. 酸雨和 O_3 复合污染对米兰的伤害及其生理指标变化. 农业环境科学学报，2006，25（6）：1470-1474.

[104] 金明红，冯宗炜，张福珠. O_3 对水稻叶片膜脂过氧化和抗氧化系统的影响. 环境科学，2000，21（3）：1-5.

[105] 金明红，黄益宗. 臭氧污染胁迫对农作物生长与产量的影响. 生态环境，2003，12（4）：482-486.

[106] 金明红. 大气 O_3 浓度变化对农作物影响的试验研究. 北京：中国科学院生态环境研究中心，2001.

[107] 李合生. 现代植物生理学. 北京：高等教育出版社，2002：415-419.

[108] 李秋霞，黄益宗，张施君，等. 酸雨和 O_3 复合污染及酸雨单因子污染对马尾松的伤害症状及其生理反应比较研究. 科技信息：科学教研，2007，24：9-11.

[109] 全先庆，高文. 盐生植物活性氧的非酶促清除机制. 安徽农业科学，2003，31（3）：499-501.

[110] 任红旭，陈雄，王亚馥. 抗旱性不同的小麦幼苗在水分和盐胁迫下抗氧化酶和多胺的变化. 植物生态学报，2001，25（6）：709-715.

[111] 阮亚男，何兴元，陈玮，等. 臭氧浓度升高对油松抗氧化系统活性的影响. 应用生态学报，2009，20（5）：1032-1037.

[112] 宋纯鹏. 植物衰老生物学. 北京：北京大学出版社，1998：43.

[113] 宋霞，刘允芬，徐小锋. 箱法和涡度相关法测碳通量的比较研究. 江西科学，2003，21（3）：206-210.

[114] 隋立华. 臭氧污染胁迫对水稻和冬小麦叶片抗氧化系统和氮物质代谢的影响研究. 北京：中国科学院生态环境研究中心，2011.

[115] 孙加伟，赵天宏，付宇，等. 臭氧浓度升高对玉米活性氧代谢及抗氧化酶活性的影响. 农业环境科学学报，2008，27（5）：1929-1934.

[116] 王春乙，高素华，潘亚茹，等. OTC-1 型开顶式气室中 CO_2 对大豆影响的实验结果. 气象，1993，19（7）：23-26.

[117] 吴杏春，林文雄，郭玉春，等. UV-B 辐射增强对水稻叶片抗氧化系统的影响. 福建农业学报，2001（3）：51-55.

[118] 伍文. 大气臭氧浓度升高对农作物生长及农田土壤参与氮循环微生物功能群的影响机理. 桂林：广西师范大学，2012.

[119] 徐仰仓，王静，刘华，等. 外源精胺对小麦幼苗抗氧化酶活性的促进作用. 植物生理学报，2001，27（4）：349-352.

[120] 闫成仕. 水分胁迫下植物叶片抗氧化系统的响应研究进展. 烟台师范学院学报：自然科学版，2002，18（3）：220-225.

[121] 杨居荣，贺建群，蒋婉茹. Cd 污染对植物生理生化的影响. 农业环境保护，1995，14（5）：193-197.

[122] 张胜，刘怀攀，陈龙，等. 亚精胺提高大豆幼苗的抗旱性. 华北农学报，2005，20（4）：25-27.

[123] 张巍巍，郑飞翔，王效科，等. 大气 O_3 浓度升高对水稻叶片膜脂过氧化及保护酶活性的影响. 应用生态学报，2008，19（11）：2485-2489.

[124] 张巍巍. O_3 浓度升高对银杏与油松活性氧及抗氧化系统的影响. 沈阳：沈阳农业大学，2007.

[125] 郑启伟，王效科，冯兆忠，等. O_3 对原位条件下冬小麦叶片光合色素、脂质过氧化的影响. 西北植物学报，2005，25（11）：2240-2244.

[126] 郑启伟，王效科，冯兆忠，等. 用旋转布气法开顶式气室研究 O_3 对水稻生物量和产量的影响. 环境科学，2007，28（1）：170-175.

[127] 周希琴，莫灿坤. 植物重金属胁迫及其抗氧化系统. 新疆教育学院学报，2003，19（2）：103-108.

第2章 O₃浓度升高对植被生长生理影响的研究方法

针对已有田间原位开顶式气室存在的局限，本章介绍改进装置结构，采用计算机软件自动跟随调控 O₃ 浓度，对该系统的布气稳定性、均匀性及气室内外气象条件进行测试，以评估气室性能，并成功应用于珠三角地区水稻和北京地区冬小麦的大田实验，以期为研究大气污染对植被的影响提供技术支持。

2.1 O₃熏蒸系统设计

O₃熏蒸系统主要由开顶式气室（OTC）、通风系统、O₃发生和浓度控制系统、O₃自动监测系统组成，系统流程如图2-1所示，现场实景如图2-2所示。

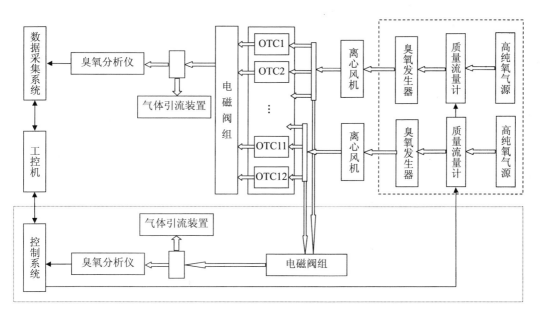

图 2-1 开顶式气室系统流程

图 2-2　O$_3$熏蒸系统实景

2.1.1　开顶式气室

开顶式气室主体为正八面柱体，高 2.4 m，底外切圆直径为 2.4 m。为减少外部气体对气室内气体的影响，正八面柱体顶端增加 45°收缩口，收缩口高 0.4 m，顶边长 0.4 m，整个气室的体积约为 10 m^3。开顶式气室框架由钢筋构成，室壁材质为聚乙烯塑料膜。与郑启伟等所用气室（底边长 0.51 m，体积约 6.1 m^3）比较，本设计的气室与其结构类似，但体积大 60%以上，更接近于大田植被的生长状况。开顶式气室结构如图 2-3 所示。

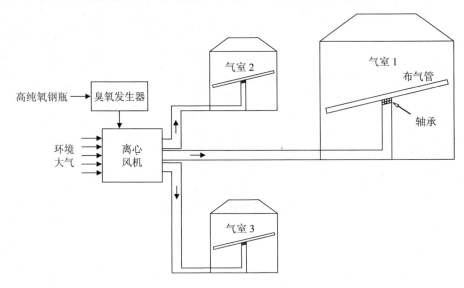

图 2-3　开顶式气室结构示意

2.1.2　通风系统

通入气室内的 O_3 浓度设置有多种方式，有些学者用经活性炭过滤后的环境大气作为气源，不加入或加入不同浓度 O_3，混合后由风机送入气室内，而有些学者不采用活性炭过滤，直接以环境大气作为气源，加入不同浓度 O_3 以获得不同处理组。上述设计中后者的 O_3 浓度可体现出环境 O_3 浓度的日变化，更接近于植被的自然生长状况，此外，也避免了由于各组活性炭性能不同而造成的差异，尤其是在南方地区，由于降水多、湿度大，活性炭失效快，需频繁更换，难以保证实验的准确性及各平行样的平行性，且其成本也较高。因此，本研究采用后者的浓度设置，每个浓度组设 3 个平行样。

为保证每组 3 个平行样的 O_3 熏蒸水平一致，用一台离心风机同时对 3 个平行样供气，即一供三的方式（图 2-3）。在离心风机出口采用一分三设计的多支管，由于风机出口管道内部气流的动压不同，按照理论计算，使多支管的中间管截面积小于两侧管截面积以保持 3 个出口风量一致。离心风机最大流量为 8 000 L·min⁻¹，可满足每个气室气体交换达到 2 次·min⁻¹ 以上。风机出口用 PVC 管路连接通入棚内，至气室中心位置以弯头连接立管，立管顶端是亚克力布气管。

布气管由一根直径为 2 m、两端密封的透明亚克力管加工而成，管路上分布等距离且与水平成 45° 夹角的小孔，满足：① 小孔总面积 ≥ 立管的横截面积，以减少动压损失；② 根据作用力与反作用力原理，与水平成 45° 夹角的小孔喷出的气体为布气管提供旋转的推动力；③ 从布气管中心至两端，小孔开孔直径逐渐增加以保证在水平截面上布气的均匀性；④ 布气孔采用外径大于内径的喇叭型开口，以降低对农作物的直吹。

亚克力布气管与立管连接部分采用密封轴承，确保布气管转动自如，且气体没有泄漏。此外，立管高度可随作物株高调整，且保持布气管下缘距离作物冠层 ≥ 50 cm。

2.1.3　O₃ 控制及监测系统

O_3 由沿面放电 O_3 发生器发生，气源为高纯氧，通过控制高纯氧流量来控制 O_3 产生量。产生的 O_3 通过无吸附的 Teflon 管送到离心风机的入口与空气混合，经多支管分配进入 3 个平行气室。

由于每个处理组用一个风机送气，该处理组的 3 个平行气室内 O_3 浓度一致，所以用一台 O_3 分析仪（THERMO 49C）仅对每个处理组的一个气室内 O_3 浓度进行测定，每个气室测定 5 min，4 个处理组循环测定，共 20 min 完成一次循环。将所测 O_3 浓度值与设定值比较，调整 O_3 发生器的氧气流量来控制 O_3 发生量，从而控制各气室的 O_3 浓度。

OTC 气室内 O_3 浓度利用另一台 O_3 分析仪（THERMO 49C）实时测定，采样点设置在距中心点 40 cm、距植被冠层 20 cm 的水平截面。每个气室测定 5 min，各气室间的切换由计算机控制电磁阀系统实现，所有气室（12 个）循环测定，1 h 完成一个循环。

在田间实验中，由于所用的管线比较长，为提高 O_3 浓度测定的准确性，在 O_3 分析仪的气体入口前可采用高速引流装置确保 O_3 浓度的时效性，以提高控制精度。

2.1.4　O₃ 熏蒸系统性能的测定

为了解系统性能，需要对装置性能进行测定。首先，对所设计的 O_3 熏蒸系统单个气室的布气均匀性和稳定性进行初步测试。该套装置搭建在中国环境科学研究院内的草坪上，模拟野外大田实验，测定时间为 2009 年 3 月。随后，将其用于珠江三角洲地区水稻和北京昌平冬小麦的大田实验，对平行样间的平行性及气室内外气象参数进行比较，以进一步评估该套装置的性能。

与实际野外运行控制相同，搭建一组气室（包括 3 个气室及各自布风系统）、一台风机、O_3 控制及监测系统。用质量流量计控制 O_3 发生器的纯氧气供给量，以控制 O_3 产生量，环境大气不经活性炭过滤，直接与 O_3 发生器产生的 O_3 在风机前混合，然后经风机送至 3 个平行气室。在计算机自动调整系统中设定 O_3 目标浓度，稳定 20 min 后，开始用 O_3 分析仪（49C，THERMO）测量各气室内的 O_3 浓度。

2.1.4.1　气室内布气稳定性测定

对于单个气室内布气的稳定性，设定 O_3 目标浓度为 55 $nL \cdot L^{-1}$，采样点距地高 500 mm，距中心点 400 mm，在气室内 O_3 浓度稳定后开始测量，采样时长 45 min，采样频率为 6 次$\cdot min^{-1}$。

O_3 浓度稳定性测定结果如图 2-4 所示，其结果表明，实测数据平均值为 55.5 $nL \cdot L^{-1}$，其标准偏差为 4.1，变异系数为 7.4%，最大值与最小值之差为 18.79 $nL \cdot L^{-1}$。实测 O_3 浓度值与设定值（55 $nL \cdot L^{-1}$）比较一致。测定期间 O_3 浓度在设定值上下波动，是由于 O_3 控制和监测系统自动调整产生的，如提高 O_3 发生器的 O_3 发生浓度的精度可进一步减小其波动范围。从上述测定可见，本研究 OTC 内 O_3 的自动调控可以接受，布气稳定，能满足开顶式 O_3 熏蒸系统的需要。

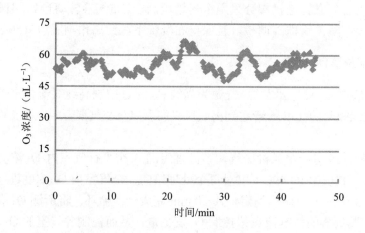

图 2-4　OTC 气室内 O_3 浓度稳定性

2.1.4.2　气室内布气均匀性测定

对单个气室内布气的均匀性，参照切贝切夫法进行测定。气室外切圆直径（D）为 2 400 mm，测点应在横截面的 11 个点的位置（0.083D，0.167D，0.250D，0.333D，0.417D，0.500D，0.583D，0.667D，0.750D，0.833D 和 0.917D），考虑到旋转布气，只选取 0.083D，0.167D，0.250D，0.333D，0.417D 和 0.500D 这 6 个点位来表征其布气均匀性，测点如

表 2-1 所示。气室内 O₃ 浓度稳定后，在高度分别为 200 mm，500 mm，800 mm 和 1 200 mm 上，用 O₃ 分析仪（THERMO，49C）通过计算机控制电磁阀自动控制切换测量 24 个测点的 O₃ 浓度值。同时，全程测量距地 2 m 高处平面中心点的 O₃ 浓度，并以其作为对照。在每个测点采集数据 5 min。

表 2-1　OTC 气室 O₃ 测点位置

测点位置	0.500D	0.417D	0.333D	0.250D	0.167D	0.083D
至中心点距离/mm	0	200	400	600	800	1 000

测定的 O₃ 平均值及分析如表 2-2 所示，各测点与对照点的相关性如图 2-5 所示。由表 2-2 可知，O₃ 实测值的标准偏差在 0.9～5.2，变异系数在 1.8%～8.7%，截面点位整体平均值为 54.96 nL·L⁻¹，标准偏差为 4.08，变异系数为 7.43%，与之对应的对照点分别为 53.99 nL·L⁻¹、4.04 和 7.49%。由图 2-5 可知，对照点和各测点数据相关系数（R^2）为 0.947，其离散度小，一致性很好，说明气室内气体分布均匀，完全可以满足野外实验的需要。

表 2-2　OTC 各测点 O₃ 浓度值及分析数据

高度/mm	项目	0.500D	0.417D	0.333D	0.250D	0.167D	0.083D	最大值－最小值
200	O₃ 平均值/（nL·L⁻¹）	50.2	47.5	53.6	54.4	53.9	51.5	7.0
	标准偏差	3.1	1.8	3.8	1.4	1.7	3.5	3.8
	变异系数/%	7.6	4.7	8.7	3.1	3.9	8.4	8.7
500	O₃ 平均值/（nL·L⁻¹）	51.2	51.2	53.5	57.8	58.2	53.3	7.1
	标准偏差	2.9	3.2	1.9	1.3	2.3	3.0	2.0
	变异系数/%	5.6	6.3	3.5	2.2	3.9	5.5	4.1
800	O₃ 平均值/（nL·L⁻¹）	52.9	53.1	57.4	60.8	61.4	64.1	11.2
	标准偏差	0.9	1.7	1.7	1.1	5.2	1.6	4.3
	变异系数/%	1.8	3.2	3.0	1.8	8.5	2.6	6.7
1 200	O₃ 平均值/（nL·L⁻¹）	55.9	50.6	56.9	52.3	60.3	57.2	9.7
	标准偏差	1.7	2.5	4.4	1.9	3.4	1.6	2.7
	变异系数/%	3.1	5.0	7.7	3.6	5.6	2.8	4.8

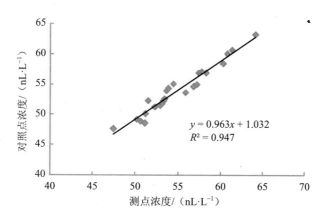

图 2-5　不同高度截面测点与对照点 O₃ 浓度的对比

2.1.4.3　平行样间平行性测定

由于各组处理的平行样是用同一个风机送风，所以平行性比较好，以冬小麦在 2010 年 5 月 12 日数据为例，4 组平行样的日变化如图 2-6 所示，各平行样间的标准偏差和变异系数如表 2-3 所示。在 O_3 日变化中，各平行样间的标准偏差均小于 10，而变异系数在本组有 3 个超过 10%，40 组有 1 个超过 10%，而其他各组（28 组）变异系数都小于 10%，基本满足野外实验需要。

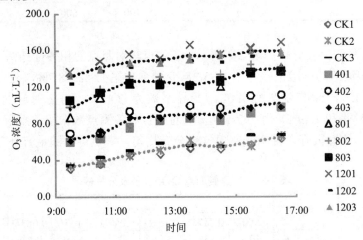

图 2-6　O_3 浓度日变化（虚线为各组平行样的平均值）

表 2-3　各平行样的标准偏差和变异系数比较

采样时间	浓度处理	O_3 平均值/$nL\cdot L^{-1}$	标准偏差	变异系数/%
09:00—10:00	CK	33.20	2.05	6.18
	40 组	63.66	5.18	8.14
	80 组	97.01	9.22	9.50
	120 组	131.76	6.73	5.11
10:00—11:00	CK	39.08	4.35	11.14
	40 组	68.95	4.51	6.54
	80 组	113.73	4.79	4.22
	120 组	141.63	5.63	3.98
11:00—12:00	CK	47.59	3.81	8.00
	40 组	85.36	8.79	10.30
	80 组	126.79	5.09	4.01
	120 组	148.24	7.08	4.78
12:00—13:00	本组	52.27	6.25	11.96
	40 组	88.80	7.23	8.14
	80 组	126.70	4.44	3.50
	120 组	149.33	2.02	1.36
13:00—14:00	CK	57.48	4.27	7.43
	40 组	91.14	7.39	8.10
	80 组	122.60	0.76	0.62
	120 组	155.21	9.66	6.22

采样时间	浓度处理	O₃平均值/nL·L⁻¹	标准偏差	变异系数/%
14:00—15:00	CK	54.92	1.89	3.45
	40 组	89.72	7.00	7.81
	80 组	127.20	6.54	5.14
	120 组	153.34	5.13	3.34
15:00—16:00	CK	60.22	6.80	11.29
	40 组	99.55	9.71	9.75
	80 组	138.50	5.18	3.74
	120 组	159.08	4.26	2.68
16:00—17:00	CK	66.00	2.11	3.20
	40 组	102.38	7.69	7.51
	80 组	140.09	2.50	1.78
	120 组	159.46	8.51	5.34

2.1.4.4　气室内外气象参数测定

为研究 OTC 气室对植被生长环境的气象参数差异，在气室内测定气体温度、相对湿度和光照强度，与气室外自动气象观测站测定的参数比较，以 2010 年 5 月 12 日数据为例，如图 2-7 所示。由图 2-7 可知，气室内外温差为 0.41～2.33℃，平均温差为 1.39℃，为平均温度的 5.27%，没有明显的温升，不存在温室效应。OTC 气室所用聚乙烯膜对光照有一定影响，在光照强的时候，棚内光照强度衰减比较明显，当光强大于 100 W·m⁻² 时，光强衰减平均为 20.71%。相对湿度在水稻大田测定结果没有差异；在小麦大田，由于气室内换风作用，气室内的相对湿度略低于气室外，二者差值平均为 5.4%，为平均相对湿度的 16.0%。

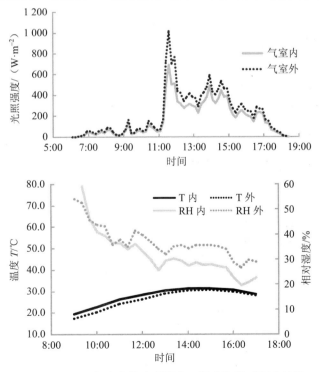

图 2-7　OTC 气室内外光照强度、温度和相对湿度比较

2.1.5　与国内外同类 OTC 气室比较

本研究设计的 OTC 气室与国内外同类大田植被的 OTC 气室在结构和性能上的比较如表 2-4 所示。在形状体积上，多采用正八面柱体或圆柱体，但本研究所用气室体积较大；在 O_3 浓度处理上，本研究采用负反馈自动调控技术，使熏蒸气体在跟随环境浓度变化的基础上增加一定浓度的 O_3，通过实时测定各气室内 O_3 浓度获取熏蒸气体的 O_3 浓度值，进而借此信息自动调控 O_3 发生器的发生量来保持气室内 O_3 值稳定在目标浓度值。为提高 O_3 测定的时效性，利用高速引流装置缩短气体在管路中的滞留时间，基本消除 O_3 分析仪测定 O_3 的时间滞后。在大田实测当中，本研究设计的气室在 O_3 浓度稳定控制、温升、光强衰减及相对湿度差异等指标上都处于国内外同类气室的领先水平。

表 2-4　国内外同类大田 OTC 气室结构及性能比较

国家	作物	形状及体积	O_3 处理	n	换风频率	性能测定	来源
中国	小麦	正八面柱体，边长 1 m，高 2.4 m，体积 10 m³	AA，NF，NF+40 nL·L⁻¹，NF+ 80 nL·L⁻¹，NF+120 nL·L⁻¹	3	>2 次·min⁻¹	气室内较气室外温度高 0.41~2.33℃；当光强大于 100 W·m⁻² 时，光强衰减平均为 20.71%；相对湿度平均相差 5.4%	本研究
	水稻	正八面柱体，边长 0.77 m，高 2.2 m，体积 6.2 m³	AA，NF，CF，100 nL·L⁻¹，200 nL·L⁻¹	3		气室内与气室外温差在 0.03~1.87℃	郑启伟等，2007
	水稻	正八面柱体，边长 0.77 m，高 2.2 m，体积 6.2 m³	NF，CF，CF+（模拟日变化设 3 个变化）	3	>2 次·min⁻¹		Feng，et al.，2007
印度	小麦	圆柱形，直径 1.5 m，高 1.8 m，体积 3.18 m³	AA，NF，CF	3	3 次·min⁻¹	气室内较气室外温度高 0.1~0.2℃，相对湿度高 2%~4%，光照为气室外的 95%	Rai，et al.，2007
瑞典	马铃薯	圆柱形，直径 1.24 m，高 1.6 m，体积 1.91 m³	AA，NF，NF+，NFC，NFC+	6	>3 次·min⁻¹	08:00—20:00 温差在 1℃	Perssom，et al.，2003
英国	马铃薯	圆柱形，直径 3.1 m，高 2.4 m，体积 18.10 m³	AA，NF，O_3 浓度季节平均值 60 nL·L⁻¹，在 NFC，NFC+，NFC++条件下 O_3 浓度季节平均值 60 nL·L⁻¹	2		光照低于环境 19%，气室内温度高 0.5~1.9℃	Lawson，et al.，2001
	生菜		NF，NF+25 nL·L⁻¹，NF+50 nL·L⁻¹，NF+75 nL·L⁻¹	4	2 次·min⁻¹		Goumenaki，2007

国家	作物	形状及体积	O₃ 处理	n	换风频率	性能测定	来源
英国	牧草	八边形，最大直径 3.5 m，高 3.3 m，体积 28.61 m³	AA，NF，NF+25 nL·L⁻¹，NF+40 nL·L⁻¹，NF+55 nL·L⁻¹	3	2 次·min⁻¹		Gonzalez-Fernandezi, et al.，2008
瑞士	牧草	圆柱形，直径 0.76 m，高 1.8 m，体积 0.82 m³	AA，NF	6	>2 次·min⁻¹	气室内高 1.3℃	Fuhre，1994
比利时	甜菜	圆柱形，直径 3.0 m，高 2.8 m，体积 19.78 m³	AA，CF，NF，8 h 日均值 60 nL·L⁻¹	3		气室内平均高 0.9～1.2℃	Temmerman，2007

注：AA 为气室外大田对照，NF 为不经活性炭过滤，CF 为经活性炭过滤，NFC 和 NFC+为不经活性炭过滤的气体中增加 CO₂ 含量，CF+为经活性炭过滤的气体中增加一定浓度的 O₃，n 为平行样个数。

2.2　植物采样方法

（1）形态测定采样方法

形态测定需要定株测定，在每个开顶式气室内随机选择 10 丛样本，排号标记待测。

（2）光合生理测定采样方法

每个浓度组选择 2 个开顶式气室，每个气室内定株 3～5 丛植株待测。

（3）生物量测定采样方法

每个开顶式气室内选取生长方向、生长条件一致的 3 丛植株待测。

（4）酶活性生理测定采样方法

每个生育期测定时间为下午 5 时，在每个开顶式气室内采集新鲜叶片，分类标记后，迅速放入液氮内，带回实验室后放入−80℃冰箱保存待测。

（5）产量测定采样方法

每个开顶式气室远离开口一侧取 1 m² 植株收割待测。

2.3　生长生理指标测定方法

2.3.1　形态测定

形态项目测定指标主要有：叶片颜色、褐色坏死叶片所占比例、干枯死叶片比例、盖度、株高等，通过现场观察与测定获得。

2.3.2　光合生理测定

光合生理测定指标主要为光合速率日动态。光合速率、气孔导度的测定于每个浓度组选择一个开顶式气室，选择定株的冠层叶进行测量。日动态的测定为 8:00—20:00，每 2 h 每个浓度组测定 3 个平行，测定结束后，将所测叶片带回实验室测定叶面积，对数值进行修正。

2.3.3 生物量测定

每个生育期在每个开顶式气室内选择 3 丛植株采回，用 LI-3000a 叶面积仪测定叶面积，并用烘干称重法测定生物量。

2.3.4 生化指标测定

（1）酶液的提取

称取 0.5 g 新鲜叶片，加入 10 mL 50 mmol·L^{-1} pH 为 7.8 的磷酸缓冲液（含 1% PVP）及少许石英砂，冰浴上研磨至均浆，4℃条件下 15 000 r·min^{-1} 离心 10 min，取上清酶液低温保存备用。

（2）过氧化物酶活力的测定

取酶液 0.1 mL，加入 4.9 mL 反应体系（体系包括 50 mmol·L^{-1} pH 为 6.0 的磷酸缓冲液 2.9 mL，2% H_2O_2 1 mL，50 mmol·L^{-1} 愈创木酚 1 mL）。另取煮死酶液 0.1 mL，加入 4.9 mL 上述反应体系。分别于 37℃水浴 15 min，迅速冰浴，加入 20%三氯乙酸 2 mL 终止反应。以 5 000 r·min^{-1} 离心 10 min，上清液在 470 nm 处测定吸光度。通过计算可得到过氧化物酶活力。

（3）过氧化氢酶活力的测定

取酶液 0.2 mL，加入 2.5 mL 反应体系[含 1% PVP（聚乙烯吡咯烷酮）50 mmol·L^{-1}、pH 为 7.8 的磷酸缓冲液 1.5 mL，蒸馏水 1 mL]。另取煮死酶液 0.2 mL，加入 2.5 mL 上述反应体系。25℃预热后，逐管加入 0.1 mol·L^{-1} H_2O_2 0.3 mL，测定 240 nm 处吸光度，每隔 1 min 测定一次。通过计算可得到过氧化氢酶活力。

（4）丙二醛含量的测定

将粗酶液稀释一倍后，取 2 mL 加入 2 mL 0.6% TBA 液，沸水浴中反应 15 min，迅速冷却离心，上清液于 532 nm 和 450 nm 下测定吸光度值。通过计算可得到丙二醛含量。

（5）叶绿素含量测定

称取 0.2 g 新鲜叶片，加入适量 96%乙醇研磨至匀浆，转移过滤入 25 mL 容量瓶，定容至刻度，混匀后在 665 nm、649 nm 和 470 nm 处测定其吸光度。通过计算可得到叶绿素含量。

（6）硝酸还原酶测定

采用离体法测定硝酸还原酶活性。取 1 mL 粗酶提取液，2 mL 0.1 mol·L^{-1} KNO_3 磷酸缓冲液，1 mL $NADH_2$ 溶液加入备好的刻度试管中混匀，在 30℃下保温 30 min，对照不加 $NADH_2$，以 1 mL 蒸馏水代替。30℃黑暗保温 30 min，然后立即加 1 mL 对氨基苯磺酸溶液终止反应，加 1 mL α-萘胺溶液，显色 20 min，在台式离心机上离心 10 min，上清液在分光光度计上测波长 540 nm 处光密度。

（7）脯氨酸测定

脯氨酸的提取：准确称取样品叶片各 0.5 g，分别置于各大试管中，然后向各试管分别加入 5 mL 3%的磺基水杨酸溶液，在沸水浴中提取 10 min（提取过程中要经常摇动），冷却后过滤于干净的试管中，滤液即为脯氨酸的提取液。

脯氨酸的测定：吸取 2 mL 提取液于另一干净的带玻塞试管中，加入 2 mL 冰醋酸及

2 mL 酸性茚三酮试剂，在沸水浴中加热 30 min，溶液即呈红色；冷却后加入 5 mL 甲苯，摇荡 30 s，静置片刻，取上层液至 10 mL 离心管中，在 5 000 r·min⁻¹ 下离心 5 min。用吸管轻轻吸取上层脯氨酸红色甲苯溶液于比色杯中，以甲苯为空白对照，在分光光度计上 520 nm 波长处比色，求得吸光度值。

（8）氧化型和还原型谷胱甘肽测定

酶液提取同硝酸还原酶。采用碧云天生物技术研究所提供的试剂盒测定氧化型谷胱甘肽（GSSG）和还原型谷胱甘肽（GSH）含量。

（9）超氧化物歧化酶测定

超氧化物歧化酶（SOD）活性采用 NBT 光化学还原法测定。3 mL 反应体系包括 0.1 mmol·L⁻¹ EDTA（pH 8.0），13 mmol·L⁻¹ 蛋氨酸，75 μmol·L⁻¹ NBT，2 μmol·L⁻¹ 核黄素和少量酶液。SOD 活性采用抑制 NBT 光化学还原 50% 的酶量为一个酶活性单位。

（10）抗坏血酸测定

作物叶片抗坏血酸（ascorbate acid，AsA）含量：1 g 除去叶脉的新鲜叶片在液氮中研磨，然后用 5 mL 的 2%（*V/V*）偏磷酸匀浆。4℃ 下 4 000 r·min⁻¹ 离心 10 min，参照相关文献测定。

（11）抗坏血酸过氧化物酶测定

抗坏血酸过氧化物酶（APX）酶液提取同上，按 Nakane 和 AsAda 的方法。3 mL 反应体系中含有 0.1 mmol·L⁻¹ K₂HPO₄-KH₂PO₄ 缓冲液（pH 7.5），0.5 mmol·L⁻¹ AsA，0.4 mmol·L⁻¹ H₂O₂ 和少量酶液。在 290 nm 下测定 4 min 内吸光值的变化。

（12）铵态氮和硝态氮测定

准确称取烘干后的植物样品 0.500 0 g 置于凯氏烧瓶底部，加入浓硫酸 6 mL，混匀浸润放置过夜。在恒温器上慢慢加热至开始冒白烟，控温稍冷（约 1 min），逐滴加入 H₂O₂ 20 滴，继续加热微沸几分钟，再放冷，滴加 H₂O₂ 数滴，以此反复多次，直至消煮液完全清亮为止，最后一次应微沸 15 min，以除尽剩余 H₂O₂，冷却后加入无氨水 10 mL，移入 50 mL 容量瓶中定容，移入塑料小瓶中，冷藏。

a. 铵态氮

在硫酸-过氧化氢消煮中，植物样中含氮的有机化合物在浓硫酸的作用下，水解成为氨基酸，氨基酸又在硫酸的脱氨作用下，还原成氨，氨与硫酸结合成为硫酸铵。试液中的硫酸铵在碱性条件下与次氯酸盐和苯酚作用，生成可溶性的染料靛酚蓝，利用溶液蓝色的深浅比色测定氨态氮含量。具体操作是：将消煮液用无氨水准确稀释 10 倍（取 5 mL，定容至 50 mL），吸取稀释液 0.5 mL（含 NH₄⁺ 1.5～2.5 mg）于 50 mL 比色管中，加 1 mL EDTA-甲基红溶液，用 0.3 mol·L⁻¹ NaOH 调节至 pH≈6（即甲基红由红色变为黄色），再依次加入 5 mL 酚溶液和 5 mL 次氯酸钠溶液，摇匀，无氨定容，静置 1 h 以上，用 1 cm 光径的比色皿测 OD625，用同样稀释和加入各种试剂的空白消煮溶液调节吸收值的零点。

b. 硝态氮

在经过硫酸-过氧化氢消煮的植物消煮液中，硝态氮和亚硝态氮以硝酸根离子（NO₃-N）存在，利用 NO₃-N 在紫外光区 220 nm 处有特征吸收峰，可以直接测定试液的吸光度来定量硝态氮。测定时，吸取 5 mL 消煮液于 50 mL 比色管中，加无氨水稀释至刻度，摇匀，在波长 210 nm 处，用 1 cm 石英比色皿，以无氨水作参比，用紫外分光光度计进行硝态氮测定。

（13）可溶性蛋白测定

测试用样为粗酶提取液。

称取样品 0.5 g 于研钵中，加入 10 mL 预冷的 pH 7.8 磷酸缓冲液（含 1% PVP）和少量石英砂研磨匀浆，转入离心管，15 000 r·min^{-1} 4℃离心 10 min，上清液转移至干净塑料离心管，即为粗酶提取液，–20℃下保存备用。取适量待测液于比色管中，用 0.1 mol·L^{-1} pH 7.0 磷酸缓冲液稀释定容，用紫外分光光度计分别在 280 nm 和 260 nm 波长下读取吸光度，以 pH 7.0 磷酸缓冲液为空白调零。结果计算如下：

$$蛋白质浓度=（1.45×A_{280}–0.74×A_{260}）×n \text{ mg/mL}$$

式中：1.45 和 0.74 为校正值；n 为比色管中的稀释倍数。

2.3.5 籽粒品质测定

（1）籽粒蛋白质及其组分的测定

用半自动凯氏定氮仪法测定粗蛋白含量，以氮含量乘以 5.7 计算小麦籽粒粗蛋白含量。蛋白质组分的测定采用连续振荡提取法，称取样品 0.5 g 置于研钵中，分别用蒸馏水、10% NaCl、75%乙醇和 0.2% NaOH 连续提取清蛋白、球蛋白、醇溶蛋白和麦谷蛋白，然后用半自动凯氏定氮仪法测定各组分含量。蛋白质产量为单位面积籽粒产量与粗蛋白含量的乘积。

（2）籽粒可溶性糖及淀粉的测定

籽粒淀粉的测定采用蒽酮比色法，准确称取 0.200 0 g 粉碎、过 60 目筛的小麦样品于 15 mL 离心管中，加入 5 mL 80%乙醇溶液，于 80℃水浴中浸提 30 min，期间不时搅拌。再用少量 80%乙醇冲洗玻璃棒，将溶液冷却至室温后，在 3 500 r·min^{-1} 下离心 10 min，上清液转入 25 mL 容量瓶中；再向沉淀中加入 5 mL 80%乙醇，按上法重复浸提 2 次，将上清液合并于 25 mL 容量瓶中，并定容至刻度，待测可溶性糖。测定时将样品液稀释 20 倍至 500 mL 后取 2 mL，于冰水浴中加入蒽酮-硫酸试剂，混匀，放入 100℃沸水浴中加热 10 min，取出在自来水中冷却，用分光光度计于 620 nm 波长下（光径 0.5 cm）测定吸光度。向沉淀中加入 2 mL 蒸馏水，在沸水浴中糊化 15 min，冷却后加入 2 mL 9.2 mol·L^{-1}高氯酸，搅拌 15 min，再加蒸馏水 4 mL，混匀后于 3 500 r·min^{-1}下离心 10 min，将上清液转入 50 mL 容量瓶中。再向沉淀中加入 2 mL 4.6 mol·L^{-1}高氯酸，搅拌提取 15 min，加入 5 mL 蒸馏水，混匀后离心 10 min，合并上清液，再用蒸馏水洗沉淀 2 次，每次 5 mL，离心后合并上清液并用蒸馏水定容至刻度，用于测定淀粉，测定方法同上。

结果计算：

$$可溶性糖\%=（c×v×n）×100/（w×a×1 000）$$

式中：c——从标准曲线上查得样品测定管中含葡萄糖的量，μg；

n——稀释倍数；

1 000——换算系数，1 mg=1 000 μg；

v——样品提取液总体积，mL；

a——测定时提取液体积，mL；

w——样品干重，mg。

$$淀粉\% = (c \times v \times n) \times 0.9 \times 100 / (w \times a \times 1\,000)$$

式中：0.9——葡萄糖换算成淀粉的系数；其余符号与可溶性糖计算相同。

2.3.6　产量测定

产量测定采用样方称重法。考种测定采用现场测定的方法。

2.4　O₃ 暴露量计算

累积 O₃ 浓度的计算公式如下：

$$AOT40 = \sum (C_{O_3} - 40) \qquad C_{O_3} \geqslant 40\,nL \cdot L^{-1}$$

$$SUM06 = \sum C_{O_3} \qquad\qquad C_{O_3} \geqslant 60\,nL \cdot L^{-1}$$

式中：AOT40 为作物生长期间，大于 $40\,nL \cdot L^{-1}$ 的小时平均 O₃ 浓度（C_{O_3}）与 $40\,nL \cdot L^{-1}$ 差值的累积值（$\mu L \cdot L^{-1} \cdot h$）；SUM06 为作物生长期间大于 $60\,nL \cdot L^{-1}$ 的小时平均 O₃ 浓度累积值（$\mu L \cdot L^{-1} \cdot h$）。

2.5　小结

①针对国内外同类装置的设计缺点，本研究对布气管结构设计、OTC 气室供气方式进行改进，并通过计算机的负反馈控制和采用引流装置提高 O₃ 浓度控制和测定的准确性。经实验测定，该套装置在实际大田实验中能很好地达到 O₃ 浓度的设定值，且在 OTC 气室内温升、光强衰减及相对湿度变化等方面也都达到了国内外同类装置的领先水平，可为同类研究提供技术参考。

②在 O₃ 浓度设计上，采用在跟随环境浓度变化基础上增加一定浓度的 O₃ 作为熏蒸气体，O₃ 浓度设计和自动控制较好地模拟了实际环境大气的污染状况，也可较好地反映植被在 O₃ 胁迫下的生理反应及自我调控，避免由于长时间暴露在高浓度 O₃ 下造成的急性损伤。

③为研究 O₃ 浓度升高对农作物的生长生理影响，对水稻和冬小麦采用统一的方法测定各生育期作物形态、光合生理、酶活性、生物量、产量等指标，主要包括叶片颜色、褐色坏死叶片所占比例、干枯死叶片比例、盖度、株高，光合日动态、荧光动态、光响应曲线与 CO₂ 响应曲线、过氧化物酶、过氧化氢酶、丙二醛、叶绿素、硝酸还原酶、脯氨酸、氧化型/还原型谷胱甘肽、超氧化物歧化酶、抗坏血酸过氧化物酶、硝态氮、铵态氮、可溶性蛋白、生物量及产量等。

参考文献

[1] Cathey H M，Heggestad H E. Ozone sensitivity of herbaceous plants：Modification by ethylenediurea. Journal of the American Society for Horticultural Science，1982，107：1035-1042.

[2] De Temmerrman L，Wolf J，Colls J，et al. Effect of climatic conditions on tuber yield (*Solanum tuberosum L.*) in the European 'CHIP' experiments. European Journal of Agronomy，2002，17 (4)：243-255.

[3] Feng Z W，Jin M H，Zhang F Z，et al. Effects of ground-level ozone (O_3) pollution on the yields of rice and winter wheat in the Yangtze River Delta. Journal of Environmental Sciences，2003，15 (3)：360-362.

[4] Feng Z Z，Yao F F，Chen Z，et al. Response of gas exchange and yield components of field-grown *Triticum aestivum L.* to elevated ozone in China. Photosynthetica，2007，45 (3)：441-446.

[5] Fuhrer J. Effects of ozone on managed pasture：I. effects of open-top chambers on microclimate，ozone flux，and plant growth. Environmental Pollution，1994，86 (3)：297-305.

[6] Gelang J，Pleijei H，Sild E，et al. Rate and duration of grain filling in relation to flag leaf senescence and grain yield in spring wheat (*Triticum aestivum*) exposed to different concentrations of ozone. Physiologia Plantarum，2000，110：366-375.

[7] Gonzalez-Fernandez I，Bass D，Muntifering R，et al. Impacts of ozone pollution on productivity and forage quality of grass/clover swards. Atmospheric environment，2008，42 (38)：8755-8769.

[8] Goumenaki E，Fernandez I G，Papanikolaou A，et al. Derivation of ozone flux-yield relationships for lettuce：a key horticultural crop. Environmental Pollution，2007，146 (3)：699-706.

[9] Heagle A S，Phibeck R B. Exposure techniques. In：Methodology for the Assessment of Air pollution Effects on Vegetation. Pittsburgh，Pennsylvania：AIR pollution Control Association，1979：616-619.

[10] Heck W C，Adams R M. A reassessment of crop loss from ozone. Environ Science & Technology，1983，17：572-581.

[11] Kobayashi K，Okada M，Nouchi I. Effects of ozone on dry matter partitioning and yield of Japanese cultivars of rice (*Oryza sativa* L.). Agriculture，Ecosystems and Environment，1995，53 (2)：109-122.

[12] Lawson T，Craigon C R，Black J J，et al. Effects of elevated carbon dioxide and ozone on the growth and yield of potatos (*Solanum tuberosum*) grown in open-top chambers. Environmental Pollution，2001，111 (3)：479-491.

[13] Maggs R，Ashmore M R. Growth and yield responses of Pakistan rice (*Oryza sativa.* L) cultivars to O_3 and NO_2[J]. Environmental Pollution，1998，103 (2-3)：159-170.

[14] Mandle R H，Weinstein L H，Mccune D C，et al. A cylindrical open-top field chamber for exposure of plants to air pollutants in the field. Journal of Environmental Quality，1973，2：371-376.

[15] Menser H A. Carbon filter prevents ozone fleck and premature senescence of tobacco leaves. Phytopathology，1966，56：466-467.

[16] Perssom K，Danielssoon H，Sellden G，et al. The effects of tropospheric ozone and elevated carbon dioxide on potato (*Solanum tuverosum L. cv. Bintje*) growth and yield. Science of The Total Environment，2003，310 (1-3)：191-201.

[17] Pleijela H，Danielssonb H，Embersonc L，et al. Ozone risk assessment for agricultural crops in Europe：

Further development of stomatal flux and flux-response relationships for European wheat and potato. Atmospheric Environment，2007，41（14）：3022-3040.

[18] Plejel H，Danielsson H，Vandermeiren K，et al. Stomatal conductance and ozone exposure in relation to potato tuber yield-results from the European CHIP programme. European Journal of Agronomy，2002，17（14）：303-317.

[19] Rai R，Agrawal M，Agrawal S B. Assessment of yield losses in tropical wheat using open top chambers. Atmosperic Environment，2007，41（40）：9543-9554.

[20] Richards B L，Middleleton J T，Hewitt W B. Air pollution with relation to agronomic crops V. Oxidant stipple of grape. Agronomy Journal，1958，50：559-561.

[21] Temmerman L D，Legrand G，Vandermeiren K. Effects of ozone on sugar beet grown in open-top chambers. European Journal of Agronomy，2007，26（1）：1-9.

[22] Wahid A. Productivity losses in barley attributable to ambient atmospheric pollutants in Pakistan. Atmospheric Environment，2006，40（28）：5342-5354.

[23] Wang X，Zheng O，Yao F，et al. Assessing the impact of ambient ozone on growth and yield of a rice（*Oryza sativa L.*）and a wheat（*Triticum aestivum L.*）cultivar grown in the Yangtze Delta，China using three rates of application of ethylene diurea（EDU）. Environmental Pollution，2007，148（2）：390-395.

[24] 白月明，王春乙，刘铃，等. O₃体积分数增加对油菜影响的诊断实验研究. 应用气象学报，2002，13（3）：364-370.

[25] 陈法军，戈峰，苏建伟. 用于研究大气二氧化碳体积分数升高对农田有害生物的田间实验装置. 生态学杂志，2005，24：585-590.

[26] 黄辉，王春乙，白月明，等. 大气中 O₃和 CO₂增加对大豆复合影响的试验研究. 大气科学，2004，28（4）：601-612.

[27] 隋立华. 臭氧污染胁迫对水稻和冬小麦叶片抗氧化系统和氮物质代谢的影响研究. 北京：中国科学院生态环境研究中心，2011.

[28] 王春乙，高素华，潘亚茹，等. OTC-1 型开顶式气室中 CO₂对大豆影响的试验结果. 应用气象学报，1993，7：23-26.

[29] 郑启伟，王效科，冯兆忠，等. 用旋转布气法开顶式气室研究 O₃对水稻生物量和产量的影响. 环境科学，2007，28（1）：170-175.

第 3 章　O₃ 浓度升高对水稻影响的实验研究

O₃ 对农田生态系统影响比较大，它可直接或者间接地影响作物的生长发育和粮食产量。据报道，O₃ 浓度升高可导致农作物减产 5%～15%，某些作物减产超过 20%。水稻是世界上主要的粮食作物，其总产量居世界粮食产量的第 3 位。2010 年我国稻谷产量为 19 576 万 t，占当年总粮食产量的 35.8%。Wang 和 Mauzerall 在 2004 年利用 CTM 模型和美国 NCLAN 的剂量-反应关系估算中国 1990 年和 2020 年的小麦、水稻、玉米和大豆的产量损失，结果显示 1990 年中国小麦、水稻、玉米的产量损失在 1%～9%，大豆的产量损失为 23%～27%；2020 年的产量损失将大幅增加，小麦、水稻和玉米的产量损失上升到 2%～16%，大豆的产量损失上升到 28%～35%。Feng 等人 2003 年报道，估算 O₃ 使长三角的冬小麦和水稻产量损失分别为 66.9 万 t 和 55.9 万 t，经济损失分别为 9.36 亿元和 5.39 亿元人民币。

本章在田间原位生长条件下，采用开顶式气室（OTC）法研究 O₃ 浓度升高对水稻表观伤害症状、生长状况、光合生理、生化指标和产量的影响，探讨高浓度 O₃ 对水稻生长发育的胁迫机制，为评估 O₃ 浓度升高对水稻的影响及污染防治提供科学依据。

3.1　水稻大田实验设计

水稻品种为粤晶丝苗 2 号，为珠三角地区普遍种植的水稻品种。插秧时间为 2009 年 3 月 28 日和 3 月 29 日，由当地农民手工插秧。行距和株距大约为 25 cm×20 cm。2009 年 4 月 21 日—23 日试熏蒸，4 月 29 日正式开始熏蒸，7 月 11 日结束熏蒸，雨天不熏蒸，实验期间共熏蒸 44 天。

3.1.1　O₃ 浓度设置

在 O₃ 浓度设置方面，设置 4 组 O₃ 浓度处理：环境大气（CK 组），环境大气+40 nL·L⁻¹（40 组），环境大气+80 nL·L⁻¹（80 组），环境大气+120 nL·L⁻¹（120 组）。每组处理设 3 个平行样，其中本底组为 CK1、CK2 和 CK3；40 组为 401、402 和 403；80 组为 801、802 和 803；120 组为 1201、1202 和 1203。除 12 个 OTC 气室，在气室外选择三块与 OTC 内面积一样的地块作为大田对照组（AA 组）。

3.1.2　实验地点及气室布局

珠江三角洲的土壤类型由南到北大致可分为砖红壤、赤红壤和红壤，其中赤红壤为砖红壤和红壤的过渡类型，约占珠江三角洲土壤面积的 44.4%，是珠江三角洲主要土壤类型。水稻实验地点选择在东莞市农业种子研究所，在东莞市区东南部。大田为一块 60 亩

（1 亩=1/15 hm²）农田，分割为 60 个 1 亩长方形小田。O₃ 实验田为 2 亩，在大田的中间位置，周围都是稻田。两地块环境因子（温度、光照、土壤肥力等）基本一致，没有边界效应，可代表整个大田（图 3-1）。实验田土壤属于赤红壤。

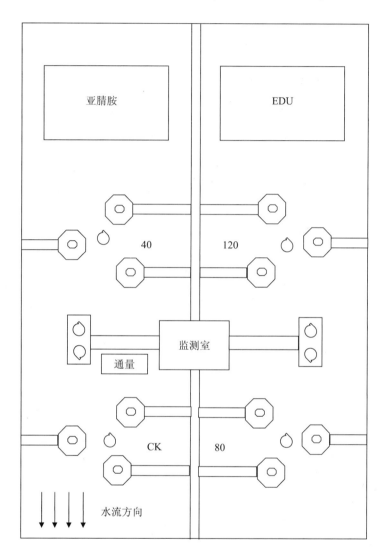

图 3-1　水稻大田 OTC 气室布置

开顶式气室（OTC）不同 O₃ 浓度组，布置依据：在完全开放的条件下，相互间尽量避免干扰，上风向设低浓度组，下风向设高浓度组。监测室为临时房，放置分析仪器、阀箱、电源箱、O₃ 发生装置和控制系统等。

田间管理除了控制因素 O₃ 外，其余都按照常规情况处理，如施肥、灌水、除草、排水等，保证田间管理方式与当地实际情况保持一致，使施肥、灌溉、排水、土壤处理、CO₂ 等显著影响因素不成为影响水稻生长的限制性因素。

3.1.3 水稻生育期

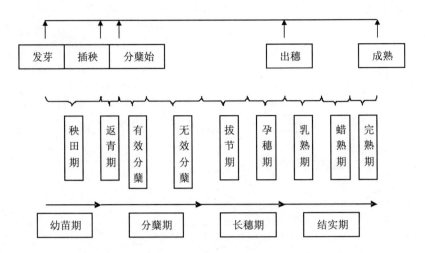

图 3-2   水稻生育期分布

图 3-2 为水稻的生育期，根据实验需要与水稻生育期分布，测定周期选定为：返青期、分蘖期、拔节期、孕穗期、抽穗期、灌浆期、完熟期，见表 3-1。实际物候期及各生育期测定项目如表 3-2 所示。

表 3-1   水稻各生育期时间记录

生育期	播种期	出苗期	三叶期	移栽期	返青期
时间	3 月 7 日	—	—	3 月 28—29 日	3 月 30 日—4 月 7 日
生育期	分蘖始期	分蘖期	拔节期	孕穗期	抽穗期
时间	4 月 12 日	4 月 13 日—5 月 11 日	5 月 12 日—6 月 2 日	6 月 3—12 日	6 月 13—19 日
生育期	乳熟期	蜡熟期	完熟期		
时间	6 月 20—28 日	6 月 29 日—7 月 14 日	7 月 15 日		

表 3-2   各生育期测定项目

测定项目	测定生育期
形态测定	1．返青期 2．分蘖期 3．拔节期 4．孕穗期 5．抽穗期 6．灌浆期 7．完熟期
生物量测定	1．分蘖期 2．拔节期 3．孕穗期 4．灌浆期 5．完熟期
生理指标测定	1．分蘖期 2．拔节期 3．孕穗期 4．灌浆期 5．完熟期
产量测定	完熟期

3.2　实际 O₃暴露水平

3.2.1　O₃浓度日变化

各处理每天熏蒸的时间为 9:00—17:00，下雨停止熏蒸，气室内及环境大气 O₃浓度日变化如图 3-3 所示。各处理的实际 O₃浓度与设定浓度比较一致，呈日变化趋势。

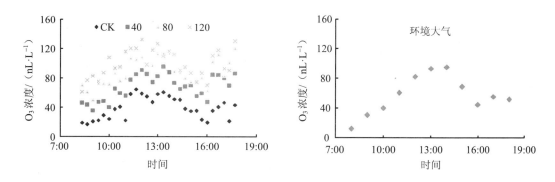

图 3-3　气室内及环境大气 O₃浓度日变化（2009 年 6 月 6 日）

3.2.2　整个生育期 O₃暴露水平

水稻整个生长期内实际的 O₃日平均浓度见图 3-4，本底组、40 组、80 组和 120 组的平均 O₃浓度及计算获得的 AOT40 值（每小时 O₃浓度大于 $40\ nL\cdot L^{-1}$ 的累积 O₃暴露值）如表 3-3 所示。

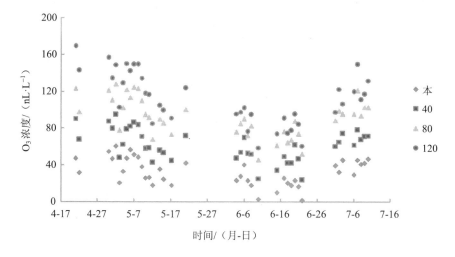

图 3-4　水稻整个生长期内 O₃日平均浓度

表 3-3 水稻整个生长期内平均 O_3 浓度及 AOT40 值

组别	O_3 处理			
	本底组	40 组	80 组	120 组
平均 O_3 浓度/（nL·L^{-1}）	35.1±2.2	65.1±5.6	96.1±4.9	117.0±5.7
AOT40/（μL·L^{-1}·h）	1.68±0.35	8.75±1.55	18.18±1.49	24.95±1.74

3.3 水稻表观受害症状

珠三角水稻叶片表观受害症状见表 3-4。从表中可以看出，水稻在返青期与分蘖初期内，不同熏蒸浓度组没有观察到叶片表征伤害。进入分蘖后期后，增加 O_3 浓度的熏蒸组水稻叶片开始出现褐斑以及枯叶。随着熏蒸浓度的增加以及物候期的推移，水稻叶片的表观受害症状也越来越明显，到成熟期时，80 组与 120 组的水稻几乎全部枯萎变黄，40 组的水稻约有 50%叶片变黄，本底组约有 30%叶片变黄。

表 3-4 珠三角水稻表观受害症状观测

测定时间	本底	40 组	80 组	120 组
返青期 4 月 10 日	嫩绿色，无黄叶、褐叶、枯叶	—	—	—
分蘖期 4 月 17 日	嫩绿色，无黄叶、褐叶、枯叶	—	—	—
分蘖期 4 月 29 日	深绿色，无褐叶、黄叶、枯叶	深绿色 1/3 有 1～3 片枯叶	深绿色 1/3 有 1～3 片叶子有褐斑 1/3 有 1～3 片枯叶	深绿色 全部有 1～10 片叶子有褐斑 1/3 有 1～3 片枯叶
拔节期 5 月 12 日	深绿色，无黄叶、褐叶、枯叶	深绿色 1/3 有 1～3 片枯叶 3 丛有 1～2 片有褐斑	深绿色 1/3 有 1～6 片叶片泛红 所有的有 1～11 片叶有褐斑 2/3 有 1～4 片叶有枯叶	深绿色，叶尖发黄 1/3 有 1～13 片叶片泛红 所有的有 8～15 片叶有褐斑 1/3 有 1～4 片叶有枯叶
孕穗期 5 月 30 日	1/3 有 1～5 片黄叶 2/3 有 1～3 片褐斑叶 底部有微量枯叶	1/3 有 1～2 片黄叶 2/3 有 1～3 片褐斑叶 1/3 有 1～4 片褐斑叶 底部有微量枯叶	1/3 有 1/3～1 片黄叶 有 1～3 片褐斑叶 1/3 有 1～4 片有褐斑叶 底部有少量枯叶	有 1/3～1 片黄叶 有 1～6 片褐斑叶 底部少量枯死叶片
抽穗期 6 月 16 日	4 丛有 1/7～1/4 黄叶	2/3 有 1/7～1/5 黄叶	有 1/7～1/4 黄叶	有 1/7～1/4 黄叶
灌浆期 6 月 24 日	1/3 有 1/7～1/4 枯叶	1/7～1/5 枯叶	有 1/6 的黄叶	1/5～1/3 枯叶
成熟期 7 月 15 日	大约有 1/3 叶片泛黄	大约有 1/2 叶片泛黄	有倒伏，叶子大部分已变黄，黄叶大概 4/5	大部分叶子枯黄 每丛大概有 2.3 片绿叶，黄叶 9/10

在高浓度 O_3 处理组（120 组），开始熏蒸一周左右叶片即出现表观受害症状，水稻老叶叶鞘开始出现褪绿现象，随后叶片受害面积扩大且出现褐斑。到了熏蒸后期，水稻叶片

几乎完全干枯，叶鞘黄化，稻穗小且黄化。与本底组相比，随着 O₃ 浓度的升高，水稻植株受害的症状明显加重，叶片出现受害症状的时间也提前，且随着熏蒸时间的延长，水稻叶片受害症状进一步加重。O₃ 胁迫导致水稻成熟期提前。

本底组　　　　　　　　　　　　40 组

80 组　　　　　　　　　　　　120 组

图 3-5　O₃ 浓度升高对水稻叶片可见伤害症状的影响（乳熟期）

图 3-5 为水稻处于乳熟期拍摄的一组照片，可以看出 O₃ 对水稻叶片有伤害作用，而且不同 O₃ 浓度处理对水稻的伤害作用也不一样。当水稻成熟后，O₃ 熏蒸可导致其籽粒萎缩、不饱满。在整个 O₃ 熏蒸期间因为下雨停止熏蒸几次，一些损伤较轻的水稻叶片得到了恢复，表明短期、低浓度 O₃ 胁迫的水稻在停止熏蒸时，水稻的损伤组织能够进行自我修复，但是如果受到高浓度的 O₃ 熏蒸后，即使停止熏蒸，水稻的损伤叶片也不能再修复。

白月明等人的研究也发现 O₃ 胁迫导致水稻叶片出现严重的表观受害症状：叶尖和主叶脉两侧由局部褪绿转变为大面积淡绿、黄化，主叶脉两侧出现褐色小斑点，叶片逐渐失去正常色泽，并转为棕褐树皮色，O₃ 胁迫时间越长水稻受害症状越明显。

3.4 对水稻生长影响

珠三角水稻株高及盖度变化如图 3-6、3-7 所示。

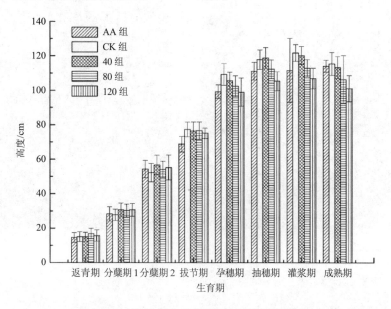

图 3-6 水稻不同生育期不同处理组水稻株高

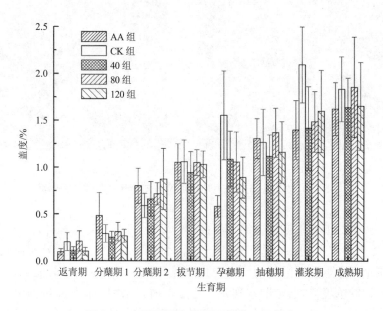

图 3-7 水稻不同生育期不同处理组盖度

由图 3-6 可知，返青期各处理组株高变化差异不大，80 组和 120 组水稻株高略高于本底组、40 组以及大田对照组。随着熏蒸时间的延长，水稻高度呈现随熏蒸浓度的增加而减小的趋势，差异也越来越显著。到成熟期时，水稻高度变化趋势本底组＞40 组＞80 组＞

120 组，大田对照组略高于 40 组。

　　由图 3-7 可知，水稻盖度并没有随熏蒸浓度的变化表现出较明显的规律，返青期时本底组、80 组盖度较大，40 组、120 组及大田对照组水稻盖度较小。在孕穗期时盖度随熏蒸浓度的增加而减小，但是大田对照组的水稻盖度依然最小。成熟期时水稻盖度的变化趋势与返青期时较一致。

3.5　对水稻光合生理影响

　　水稻不同生育期的光合效率如图 3-8 至图 3-11 所示。

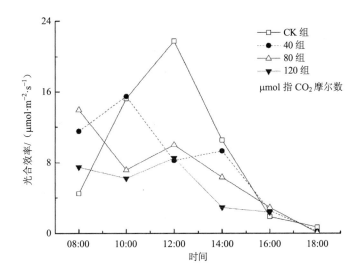

图 3-8　水稻分蘖期光合效率

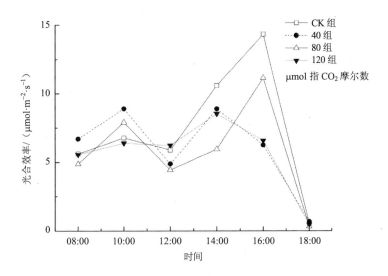

图 3-9　水稻拔节期光合效率

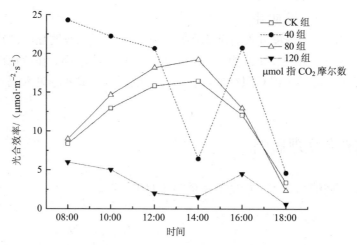

图 3-10　水稻灌浆期光合效率

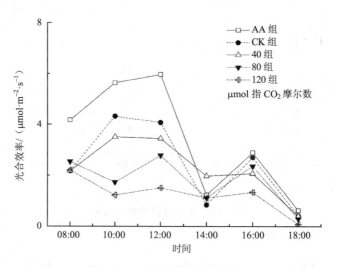

图 3-11　水稻成熟期光合效率

由图 3-8 可知，分蘖期水稻的光合效率（每平方米秒吸收 CO_2 的 μmol 值）随熏蒸浓度的增加逐渐降低，本底组水稻的光合日动态呈单峰曲线，但是 40 组、80 组和 120 组水稻的光合日动态呈双峰曲线。

由图 3-9 可知，拔节期水稻的光合效率随熏蒸浓度的增加有降低的趋势，该生育期水稻各熏蒸组的光合日动态呈双峰曲线。

由图 3-10 可知，灌浆期 120 组的水稻光合效率最低，本底组与 40 组水稻的光合日动态呈单峰曲线。

由图 3-11 可知，成熟期水稻光合效率大田对照组最高，其他随 O_3 熏蒸浓度的增加光合效率呈现下降趋势，80 组、120 组光合日动态曲线没有规律，说明其光合生理受 O_3 损害较大。其他浓度组光合日动态呈现双峰曲线。

由图 3-12 可以看出，分蘖期叶片叶绿素本底组高于其他熏蒸组，但是到了拔节期和抽穗期 40 组叶片叶绿素含量反而较高，到水稻生育后期，特别是完熟期时，各熏蒸组叶片叶绿素含量都急剧降低，各熏蒸组并没有太大的差异。

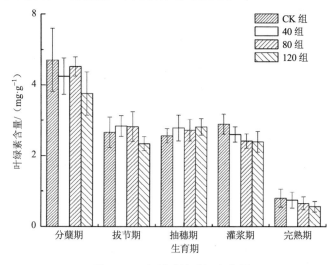

图 3-12　水稻叶片叶绿素含量

3.6　对水稻生化指标影响

3.6.1　丙二醛（MDA）

　　植物在逆境条件下会出现膜质过氧化现象，改变了膜的通透性，影响植物正常的生理机能。O_3 作为一种强氧化剂，它通过植物气孔进入叶片组织，导致植物体内产生大量的活性氧，活性氧与膜脂发生反应，从而对植物造成伤害。MDA 是人们用来检测植物膜脂过氧化程度的一个公认指标，其含量的高低直接体现出植物的膜脂过氧化程度。水稻丙二醛的含量以每克叶片所含的丙二醛摩尔数表示其随着 O_3 浓度的变化如图 3-13 所示。从图中可以看出随 O_3 浓度升高，各生育期丙二醛含量基本呈增加趋势，说明 O_3 的熏蒸对水稻产生了伤害。

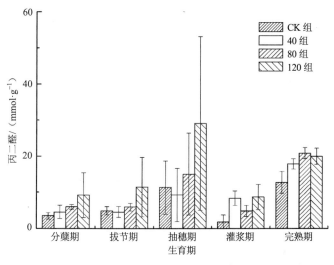

图 3-13　水稻叶片丙二醛含量

3.6.2 脯氨酸

脯氨酸（proline，Pro）作为植物抗逆性的一个重要指标，在逆境条件下（干旱、盐碱、热、冷、冻）植物体内脯氨酸的含量显著增加。例如，抗旱性强的品种往往积累较多的脯氨酸，因此测定脯氨酸含量可以作为抗旱育种的生理指标；在低温条件下，植物组织中脯氨酸增加，脯氨酸亦可作为抗寒育种的生理指标。

图 3-14 是 O_3 熏蒸条件下水稻叶片脯氨酸变化图。由图可以看出，分蘖期、拔节期和抽穗期，脯氨酸含量的最大值（以每克叶片所含的脯氨酸μg 数表示）都出现在 40 组 O_3 处理下，分别比对照组提高了 87.01%、53.85%和 23.97%。但随着 O_3 浓度的继续增加，脯氨酸含量减少。分蘖期和抽穗期，O_3 处理下的脯氨酸量都要高于对照组。但抽穗期 80 组和 120 组 O_3 胁迫下的脯氨酸要低于对照组。在乳熟期，O_3 熏蒸下的脯氨酸量都要低于对照组，随 O_3 浓度增加，降低幅度分别为 25.30%、29.35%和 27.50%。

除乳熟期外，前三个生长时期均是在低浓度 O_3 熏蒸下脯氨酸含量有明显的增加过程，然后随着 O_3 浓度的增加而不断地降低，说明水稻对于低剂量的 O_3 胁迫表现出积极的调节适应。高浓度 O_3 胁迫下，水稻叶片脯氨酸含量显著降低说明了当 O_3 胁迫剂量超过作物的调节阈值时，作物的生理活性将会受到影响。在水稻乳熟期，由于 O_3 胁迫的累积效应，O_3 熏蒸下的作物生理结构受到一定程度的破坏，导致水稻叶片脯氨酸含量迅速降低。

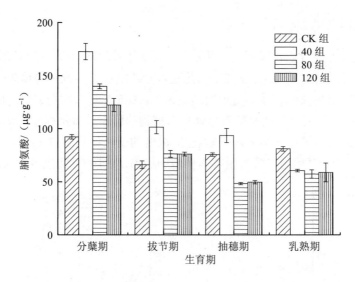

图 3-14 O_3 浓度升高对水稻叶片脯氨酸含量的影响

3.6.3 过氧化物酶（POD）

POD 是植物的呼吸功能酶，它是植物呼吸反应过程中不可缺少的物质，另外它在抑制膜脂化等植物抗逆生理方面发挥了重要的作用。植物在逆性环境胁迫下，膜脂化作用增强，使植物体内 H_2O_2 等过氧化物浓度增加，从而导致 POD 酶活性提高，经过一系列的反应，这些过氧化物最终被降解成为水而起到了解毒作用。本研究也得到类似的结果，即在水稻生育期中期，O₃ 熏蒸使水稻过氧化物酶活性（以每克叶片分钟的单位活性 U 值表示，以 OD470 值在 1 min 内增加 0.01 为 1 个酶活力单位）降低。POD 在各生育期的含量如图 3-15 所示。

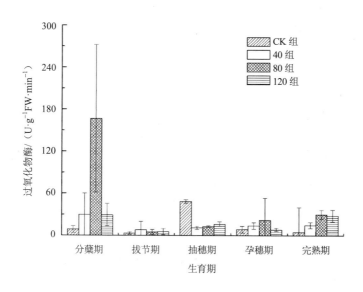

图 3-15　O₃ 浓度升高对水稻叶片 POD 活力的影响

3.6.4　谷胱甘肽

谷胱甘肽分为还原型谷胱甘肽（GSH）及氧化型谷胱甘肽（GSSG）两类，作为抗坏血酸-谷胱甘肽体系重要的组成部分，谷胱甘肽在清除活性氧自由基方面发挥了重要的作用。在氧化条件下，还原型谷胱甘肽在酶的作用下转化为氧化型，起到了调节和抗氧化的作用。因此，通过对 GSSG 和 GSH 含量变化的观察，可以看出 O₃ 的胁迫影响程度和机体的调节情况。

图 3-16 和图 3-17 分别为 O₃ 熏蒸下不同生育期水稻叶片 GSH 和 GSSG 含量变化。由图中可以看出，各生育期 O₃ 熏蒸下 GSH 含量都要低于对照，而 GSSG 含量都高于对照。当 O₃ 浓度为 40 组、80 组和 120 组时，GSH 含量分别比对照处理降低 18.86%、18.15% 和 19.04%（分蘖期）；45.32%、65.65% 和 72.21%（拔节期）；30.0%、34.24% 和 59.92%（抽穗期）；68.72%、80.23% 和 78.20%（乳熟期）。GSSG 含量分别比对照处理增加 502.01%、502.01% 和 435.96%（分蘖期）；371.86%、409.31% 和 127.19%（拔节期）；160.52%、168.02% 和 97.62%（抽穗期）；494.44%、527.18% 和 439.80%（乳熟期）。

从上述结果可知，随着 O₃ 浓度的提高，水稻叶片 GSH 含量不断地降低，GSSG 含量也比对照处理提高数倍，说明 O₃ 胁迫下 GSH 不断地在酶的作用下转化为 GSSG，从而达到清除活性氧自由基的目的。同样一些研究也发现，O₃ 污染胁迫下植物体内大部分的 GSH 转化成了 GSSG，但是总的谷胱甘肽量变化不大。研究 O₃ 浓度升高对拟南芥（Arabidopsis thaliana）GSH 含量的影响，得出 GSH 含量呈现出先升高后降低的趋势，这可能是由于在 O₃ 处理初期 GSH 含量的增加对于提高拟南芥清除活性氧自由基的效率、抵御和减轻活性氧自由基的伤害等方面起到了积极的作用。

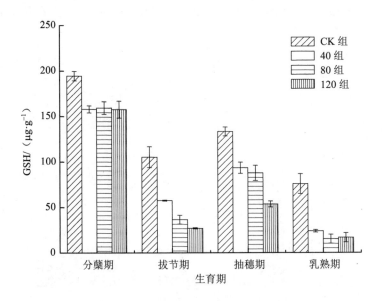

图 3-16 O₃ 浓度升高对水稻叶片 GSH 含量的影响

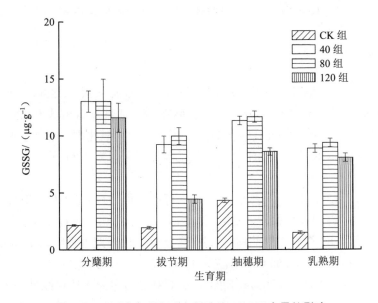

图 3-17 O₃ 浓度升高对水稻叶片 GSSG 含量的影响

3.6.5 硝酸还原酶

硝酸还原酶是高等植物氮素同化的限速酶，可直接调节硝酸盐的还原，从而调节氮代谢，并影响到植物的光合碳代谢。硝酸还原酶活性水平与植物体内多种代谢过程和生理指标有关，它是一种诱导酶，该酶活性容易受到光照、温度、水分、二氧化碳、钼含量和硝酸盐浓度的影响，且外源激素类似物也会影响硝酸还原酶的活性。目前已经有外源喷施激素类物质对植物硝酸还原酶活性的变化情况的研究，但 O₃ 污染胁迫对植物硝酸还原酶活性影响的研究较少。

图 3-18 为不同生长期水稻叶片硝酸还原酶活性（以每克叶片每小时增加的 NO_2^- μg 数表示）随 O₃ 浓度升高的变化趋势。由图可以看出，在各个生长期，水稻叶片中硝酸还原酶活性都随着 O₃ 浓度的升高而呈下降趋势。与本底组相比，40 组、80 组和 120 组的硝酸还原酶活性分别降低：分蘖期为 25.25%、67.37%和 86.26%；拔节期为 57.40%、75.72%和 97.75%；抽穗期为 90.98%、97.22%和 99.31%；乳熟期为 89.54%、89.54%和 96.70%。水稻叶片的硝酸还原酶活性随着暴露时间的增加而不断降低，以本底组为例，与分蘖期相比，拔节期、抽穗期和乳熟期水稻硝酸还原酶活性分别降低了 23.47%、46.82%和 89.42%。其他 O₃ 浓度处理也有类似的趋势。

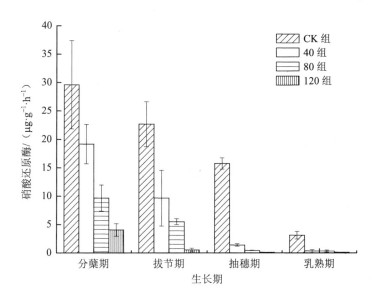

图 3-18　O₃浓度升高对水稻叶片硝酸还原酶活性的影响

3.6.6　硝态氮、铵态氮

图 3-19 和图 3-20 分别为 O₃ 熏蒸下水稻叶片硝态氮和铵态氮含量变化。从图中可以看出 O₃ 熏蒸下植物体内的硝态氮和铵态氮要低于本底组处理。以拔节期为例，与本底组相比，40 组、80 组和 120 组水稻叶片硝态氮含量分别降低 18.72%、16.08%和 27.43%；铵态氮含量分别降低 32.29%、27.25%和 26.13%。

本研究中 O₃ 熏蒸导致水稻叶片硝酸还原酶活性降低，硝态氮和铵态氮含量减少，这与 CO₂ 影响植物氮代谢的结果相类似。CO₂ 浓度升高可导致冬小麦地上部硝酸还原酶活性、铵态氮和硝态氮含量有所降低，这是由于植物硝态氮代谢过程增强、形成更多的含氮有机化合物所引起的。O₃ 污染胁迫降低水稻叶片硝酸还原酶活性的原因可能是 O₃ 伤害导致水稻植株生长受阻，各种代谢功能受到影响，从而导致硝酸还原酶活性降低，影响水稻铵态氮和硝态氮的含量。另外，高浓度 O₃ 影响参与土壤氮循环的微生物活性和数量，降低土壤中的铵态氮和硝态氮含量，这可能是 O₃ 导致水稻叶片硝态氮和铵态氮含量减少的原因之一。但是，一些研究者却报道 O_3 污染使水稻吸收总氮量提高，原因是 O_3 浓度增加后植物生理活性发生变化，进入土壤的凋落物数量增加，从而提高由植物和微生物分泌或其残体分解释放的脲酶数量，增强土壤脲酶活性。脲酶能够促进非肽 C-N 键含氮有机物的水解。

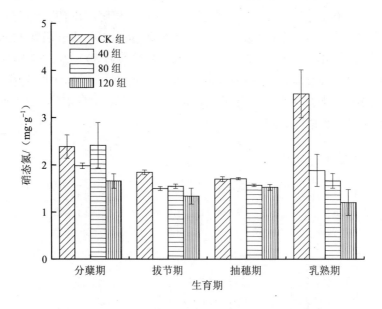

图 3-19　O_3 浓度升高对水稻叶片硝态氮含量的影响

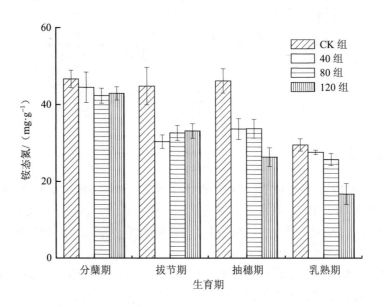

图 3-20　O_3 浓度升高对水稻叶片铵态氮含量的影响

3.7 对水稻籽粒品质影响

3.7.1 糖类物质含量

图 3-21 为 O₃熏蒸下水稻籽粒糖类物质（淀粉和可溶性总糖）含量的变化情况。从图中可以看出，随着 O₃浓度的增加水稻籽粒的淀粉含量呈降低的趋势，与对照相比，40 组、80 组和 120 组 O₃处理分别导致水稻籽粒淀粉含量减少 6.65%、8.81%和 15.78%。而可溶性总糖则随着 O₃浓度增加有增加的趋势，该现象在高浓度 O₃处理下更加明显，在 80 组和 120 组 O₃处理下，可溶性总糖含量分别高于对照 16.14%和 47.50%。但是，不管是淀粉含量还是可溶性总糖含量，仅在高浓度 O₃处理下（120 组）与其他处理相比达到了显著差异水平（$p<0.05$）。

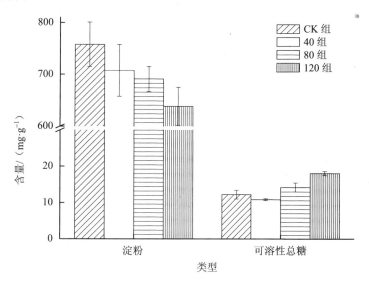

图 3-21 O₃浓度升高对水稻籽粒糖类物质含量的影响

3.7.2 蛋白类物质含量

图 3-22、图 3-23 和图 3-24 为 O₃浓度升高对水稻籽粒蛋白类物质含量的影响。从图中可以看出在 80 组和 120 组 O₃处理下，水稻籽粒清蛋白含量分别比对照增加 21.51%和23.14%；球蛋白含量除了在 120 组 O₃浓度时比对照降低 13.36%外，其他 O₃浓度处理与对照相比没有显著差异；醇溶蛋白含量在 80 组 O₃浓度时比对照增加 20.53%；对于 40 组、80 组和 120 组，水稻籽粒麦谷蛋白含量分别比对照提高 13.85%、14.67%和 20.96%；水稻籽粒粗蛋白含量只有 120 组显著增加，比对照增加 21.07%。

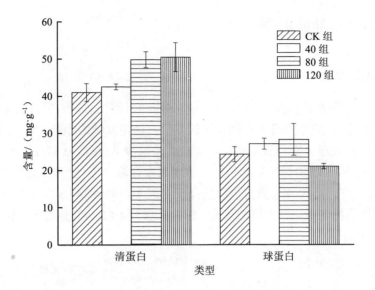

图 3-22　O_3 浓度升高对水稻籽粒清蛋白和球蛋白含量的影响

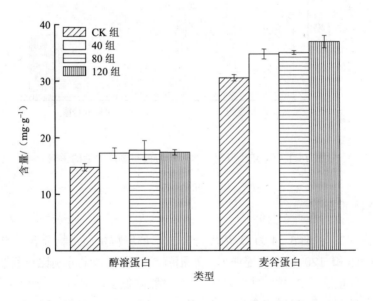

图 3-23　O_3 浓度升高对水稻籽粒醇溶蛋白和麦谷蛋白含量的影响

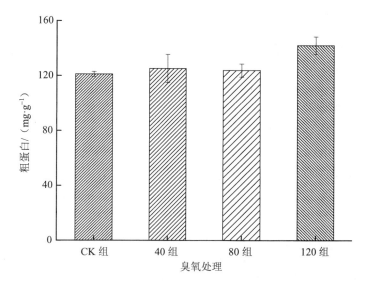

图 3-24 O₃浓度升高对水稻籽粒粗蛋白含量的影响

3.8 对水稻产量影响

不同熏蒸浓度下水稻每平方米产量如图 3-25 所示。由图 3-25 可知，水稻每平方米产量随 O₃熏蒸浓度的增加呈现先增高后下降的趋势，120 组水稻的每平方米产量最低。OTC 气室内水稻的产量都小于大田对照组的产量。

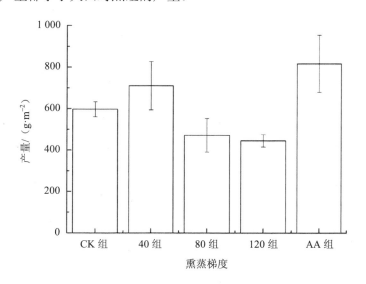

图 3-25 水稻每平方米产量

3.9　小结

①O_3浓度升高对水稻叶片造成明显的表观受害症状，随着O_3熏蒸浓度的升高和熏蒸时间的持续而严重，并且造成水稻株高的降低，说明 O_3 的强氧化性对水稻的物理伤害是迅速且可累积的，对水稻生长具有抑制作用。

②O_3浓度升高引起水稻叶片气孔的关闭，限制水稻对 CO_2 的吸收，进而降低水稻的光合效率，影响水稻的光合日动态曲线。水稻为抵御 O_3 的氧化损害而产生应激反应，降低水稻叶片叶绿素含量，造成光合效率降低，影响水稻的生长发育。

③O_3浓度升高使水稻叶片各种生物酶含量发生改变，增加丙二醛含量，降低水稻叶片过氧化物酶活力，脯氨酸含量在各生育期出现不同的改变，而叶片 GSH 含量均低于本底组，叶片 GSSG 含量均高于本底组，且 O_3 熏蒸下水稻叶片的硝态氮和铵态氮均低于本底组。

④O_3熏蒸导致水稻籽粒淀粉含量随着 O_3 浓度增加呈降低的趋势，而籽粒可溶性总糖含量则随着 O_3 浓度增加有增加的趋势。与对照处理相比较，高浓度的 O_3 浓度（120 组）处理可提高水稻籽粒清蛋白、麦谷蛋白和粗蛋白的含量。

⑤随着 O_3 熏蒸浓度的增加，水稻的生物量及产量均出现了显著的下降。

参考文献

[1]　Adams R M, Glyer J D, Mccarl B A. The NCLAN economic assessment: approach, findings and implications. In Heck W W, Taylor O C, Tingey D T（Eds.）, Assessment of Crop Loss from Air Pollutants, Elsevier, London, 1988: 473-504.

[2]　Ariyaphanphitak W, Chidthaisong A, Sarobol E. Effects of elevated ozone concentrations on Thai jasmine rice cultivars（*Oryza sativa* L.）. Water, Air, and Soil Pollution, 2005, 167（1-4）: 179-200.

[3]　Castillo F J, Greppin H. Extracellular ascorbic-acid and enzyme-activities related to ascorbic-acid metabolism in *Sedum album L.* leaves after ozone exposure. Environmental and Experimental Botany, 1988, 28（3）: 231-238.

[4]　Cho K, Tiwari S, Agrawal S B, et al. Tropospheric ozone and plants: absorption, responses, and consequences. Reviews of Environmental Contamination and Toxicology, 2011, 212: 61-111.

[5]　Feng Z, Jin M, Zhang F Z, et al. Effects of ground-level ozone（O_3）pollution on the yields of rice and winter wheat in the Yangtze River Delta. Journal of Environmental Sciences, 2003, 15（3）: 360-362.

[6]　Holland M, Mills G, Hayes F. Economic assessment of crop yield losses from ozone exposure. Part of the UNECE International Cooperative Programme on Vegetation. Progress Report（April 2001～March 2002）Contract EPG, 2002, 1（3）: 170.

[7]　Huang Y Z, Sui L H, Wang W, et al. Visible injury and nitrogen metabolism of rice leaves under ozone stress, and effect on sugar and protein contents in grain. Atmospheric Environment, 2012, 62: 433-440.

[8]　Selin N E, Wu S, Nam K M, et al. Global health and economic impacts of future ozone pollution. Environmental Research Letters, 2009, 4: 1-9.

[9] Taehibana S，Konishi N. Diurnal variation of in vivo and in vitro reductase activity in cucumber plants. Journal of the Japanese Society for Horticultural Science，1991，60：593-599.

[10] Tanaka K，Saji H，Kondo N. Immunological properties of spinach glutathione-reductase and inductive biosynthesis of the enzyme with ozone. Plant and Cell Physiology，1988，29（4）：637-642

[11] Teri K，Palojarvi A，Ramo K，et al. A 3-year exposure to CO₂ and O₃ induced minor changes in soil N cycling in a meadow ecosystem. Plant and Soil，2006，286（1-2）：61-73.

[12] Vingarzan R. A review of Surface ozone background levels and trends. Atmospheric Environment，2004，38（21）：3431-3442.

[13] Wang X P，Mauzerall D L. Characterizing distributions of surface ozone and its impact on grain production in China，Japan and South Korea：1990 and 2020. Atmospheric Environment，2004，38（26）：4383-4402.

[14] 白月明，郭建平，刘玲，等. 臭氧对水稻叶片伤害、光合作用及产量的影响. 气象，2001，27（6）：17-22.

[15] 白月明，郭建平，王春乙，等. 水稻与冬小麦对臭氧的反应及敏感性试验研究. 中国生态农业学报，2002，10（1）：13-16.

[16] 董志强，解振兴，薛金涛，等. 苗期叶面喷施 6-BA 对玉米硝酸还原酶活力的影响. 玉米科学，2008，16（5）：54-57.

[17] 黄益宗，李志先，黎向东，等. 酸沉降和大气污染对华南典型森林生态系统生物量的影响. 生态环境，2007，16（1）：60-65.

[18] 黄玉源，黄益宗，李秋霞，等. 臭氧对南方 3 种木本植物的伤害症状及生理指标变化研究. 生态环境，2006，15（4）：674-681.

[19] 金明红，黄益宗. 臭氧污染胁迫对农作物生长与产量的影响. 生态环境，2003，12（4）：482-486.

[20] 金明红. 大气 O₃浓度变化对农作物影响的试验研究. 北京：中国科学院生态环境研究中心，2001.

[21] 李合生，孙群，赵世杰. 植物生理生化实验原理和技术. 北京：高等教育出版社，2000.

[22] 李全胜，林先贵，胡君利，等. 近地层臭氧浓度升高对稻田土壤氨氧化与反硝化细菌活性的影响. 生态环境学报，2010，19（8）：1789-1793.

[23] 刘水长. 我国水稻需求和生产情况. 粮食问题研究，2005，3：16-18.

[24] 吕伟仙，葛滢，吴建之，等. 植物中硝态氮、氨态氮、总氮测定方法的比较研究. 光谱学与光谱分析，2004，24（2）：204-206.

[25] 隋立华. 臭氧污染胁迫对水稻和冬小麦叶片抗氧化系统和氮物质代谢的影响研究. 北京：中国科学院生态环境研究中心，2011.

[26] 王春乙，郭建平，郑有飞. 二氧化碳、臭氧、紫外辐射与农作物生产. 北京：气象出版社，1997.

[27] 伍文，黄益宗，李明顺，等. O₃浓度升高对麦田土壤氨氧化细菌、氨氧化古菌和硝化细菌数量的影响. 农业环境科学学报，2012，31（3）：491-497.

[28] 谢居清，王效科，李国学，等. 臭氧对水稻生长的影响及外源抗坏血酸的防护作用. 农业环境科学学报，2009，28（6）：1235-1239.

[29] 姚芳芳，王效科，陈展，等. 农田冬小麦生长和产量对臭氧动态暴露的响应. 植物生态学报，2008，32（1）：212-219.

[30] 姚芳芳，王效科，逯非，等. 臭氧对农业生态系统影响的综合评估：以长江三角洲为例. 生态毒理学报，2008，3（2）：189-195.

[31] 张巍巍，郑飞翔，王效科，等. 臭氧对水稻根系活力、可溶性蛋白含量与抗氧化系统的影响. 植物生态学报，2009，33（3）：425-432.

[32] 郑飞翔，王效科，张巍巍，等. 臭氧胁迫对水稻光合作用与产量的影响. 农业环境科学学报，2009，28（11）：2217-2223.

[33] 郑有飞，石春红，吴芳芳，等. 大气臭氧浓度升高对冬小麦根际土壤酶活性的影响. 生态学报，2009，29（8）：4386-4391.

[34] 周秀骥. 长江三角洲低层大气与生态系统相互作用研究. 北京：气象出版社，2004.

第 4 章　O$_3$浓度升高对冬小麦影响的实验研究

冬小麦是我国的主要粮食作物之一。2010 年冬小麦产量为 11 518 万 t，约占总粮食产量的 21%。同水稻一样，随着环境大气 O$_3$ 浓度的升高，我国粮食生产面临着越来越严峻的考验。Wang 等人于 2005 年利用 6 个乡村 O$_3$ 监测点的数据估算了 1999 年和 2000 年长三角的冬小麦损失，结果显示，受 O$_3$ 的影响，冬小麦的产量损失可能达到 20%～30%。

本章在大田条件下，采用开顶式气室（OTC）法，研究 O$_3$ 浓度升高对冬小麦叶片表观受害症状、生长状况、光合生理、生化指标和产量的影响，探讨高浓度 O$_3$ 对冬小麦生长发育的胁迫机制，为评估 O$_3$ 浓度升高对冬小麦的影响及提出防治对策提供科学依据。

4.1　冬小麦大田实验设计

冬小麦品种为北农 9549（*Triticum aestivum* L.），由北京农学院提供。2010 年 9 月 28 日播种（225 kg/hm^2），2010 年 6 月 23 日收获。播种前施用堆粪，2010 年 4 月 26 日追施尿素（225 kg/hm^2）。2009 年 4 月 1—2 日试熏蒸，4 月 6 日正式开始熏蒸，6 月 12 日结束熏蒸，共熏蒸 50 天。

4.1.1　O$_3$浓度设置

冬小麦实验的 O$_3$ 浓度设置同水稻实验，见 3.1.1。

4.1.2　实验地点及气室布局

冬小麦实验基地选择在北京市昌平区种子管理站。大田为一块 40 亩农田，全部种植冬小麦。O$_3$ 实验田为 2 亩，与地边距离在 10 m 以上，以减少边界效应。整个大田环境因子（温度、光照、土壤肥力等）基本一致，保证实验地块的环境条件能够代表整个大田。

冬小麦实验的整体布置与水稻实验基本一样，只是根据生长季节主导风向不同，对各组的位置进行调整，保证上风向浓度低，下风向浓度高。

田间管理除了控制因素 O$_3$ 外，其余的都按照常规情况处理，如施肥、灌水、除草、排水等，保证田间管理方式与当地实际情况保持一致，使施肥、灌溉、排水、土壤处理、CO$_2$ 等显著影响因素不成为影响冬小麦生长的限制性因素。

4.1.3　冬小麦生育期

冬小麦的生育期可分为：出苗期、三叶期、分蘖期、起身期、拔节期、孕穗期、抽穗期、开花期、乳熟期和蜡熟期。

本项目中实际测定周期分别为：起身期、拔节期、抽穗期、灌浆期、乳熟期和蜡熟期，如表 4-1 所示。各生育期测定项目及开顶式气室内冬小麦采样分配如表 4-2 所示。

表 4-1　冬小麦各生育期时间记录

生育期	起身期	拔节期	抽穗期	灌浆期
时间	4 月 5—15 日	4 月 16 日—5 月 8 日	5 月 9—25 日	5 月 26 日—6 月 5 日
生育期	乳熟期	蜡熟期		
时间	6 月 6—13 日	6 月 14—23 日		

表 4-2　各生育期测定项目及采样分配方法

测定项目	气室内冬小麦采样分配	测定生育期
光合测定	每气室定株 3～5 丛冬小麦，按期测定定株冬小麦冠层叶	分蘖期、拔节期、抽穗孕穗期
生物量测定	每期每气室随机采取生长方向、生长条件一致的 10 株冬小麦	分蘖期、拔节期、抽穗孕穗期、成熟期
形态测定	每气室定株 10 丛冬小麦，按期测定	返青期、分蘖期、拔节期、孕穗期、抽穗期、成熟期
叶绿素及酶活性测定	每气室随机采冠层叶片 15～20 片液氮保存备用	分蘖期、拔节期、抽穗期、孕穗期
产量测定	每气室远离开口一侧留 1 m^2 冬小麦收获时测定生物量	成熟期

4.2　实际 O_3 暴露水平

4.2.1　日变化

OTC 气室内 O_3 实际浓度水平和环境大气 O_3 浓度值日变化如图 4-1 所示，各浓度组之间的区别明显，与设定浓度值一致。

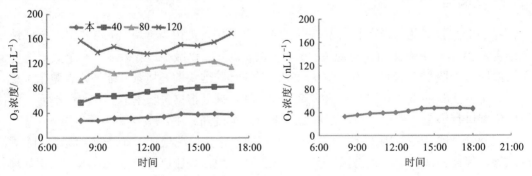

图 4-1　气室内及大气环境 O_3 浓度日变化（2010 年 5 月 11 日）

4.2.2　整个生长期 O_3 暴露水平

整个生长期内，总体熏蒸水平如图 4-2 和表 4-3 所示。各熏蒸浓度间 O_3 浓度差别明显，平均浓度差为 35.6 nL·L^{-1}，与预设 40 nL·L^{-1} 的浓度差比较一致，AOT40 为每小时 O_3 浓度大于 40 nL·L⁻¹ 的累积 O₃ 暴露值。

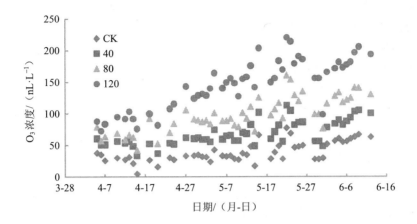

图 4-2 冬小麦整个生长期内 O₃ 日平均浓度

表 4-3 冬小麦整个生长期内平均 O₃ 浓度及 AOT40 值

组别	O₃ 处理			
	本底组	40 组	80 组	120 组
平均 O₃ 浓度/（nL·L⁻¹）	38.7±2.1	68.1±3.6	97.3±2.0	145.5±11.2
AOT40/（μL·L⁻¹·h）	3.23±0.49	12.46±1.02	24.46±0.66	44.94±4.06

4.3 冬小麦表观受害症状

冬小麦叶片表观受害症状见表 4-4。从表中可以看出，冬小麦在返青期内，不同熏蒸组没有观察到叶片表观受害症状。进入分蘖期后，增加 O₃ 熏蒸浓度的冬小麦叶片开始出现褐斑以及枯叶。随着熏蒸浓度的增加以及物候期的推移，冬小麦叶片的表观伤害也越来越明显，到成熟期时，4 个熏蒸组的冬小麦几乎全部枯萎变黄。

表 4-4 京津冀冬小麦表观受害症状观测表

组别	本底	40 组	80 组	120 组
返青期 4 月 9 日	嫩绿色，无黄叶、褐叶、枯叶			
返青期 4 月 19 日	嫩绿色，无黄叶、褐叶、枯叶			
分蘖期 4 月 29 日	无枯黄	叶尖少许变黄	叶尖少许变黄	少许枯黄
拔节期 5 月 7 日	少许枯黄	10%枯黄	20%枯黄	30%枯黄
孕穗期 5 月 17 日	20%枯黄	40%枯黄	50%枯黄	60%枯黄
抽穗期 5 月 29 日	30%枯黄	50%枯黄	70%枯黄	80%枯黄
灌浆期 6 月 11 日	50%枯黄	70%枯黄	80%枯黄	90%枯黄
成熟期 6 月 21 日	全部枯黄	全部枯黄	全部枯黄	全部枯黄

在高浓度 O_3（120 组）熏蒸下，冬小麦最先表现出受害症状的是叶片，先是叶片叶脉两侧、叶尖出现褐色斑点，然后斑点面积逐渐扩大，叶片出现锈斑。在 O_3 熏蒸后期，冬小麦整个植株呈枯黄状，说明冬小麦受到 O_3 的严重伤害。低浓度 O_3（40 组）熏蒸导致冬小麦叶片出现受害症状的时间比高浓度 O_3（120 组）熏蒸晚 15 天左右，直到冬小麦抽穗期才出现受害症状，其症状明显轻于 120 组处理组。O_3 熏蒸使冬小麦出穗延迟，成熟提前。

图 4-3 是冬小麦乳熟期时拍摄的照片，从图中可以看出，80 组和 120 组 O_3 处理时冬小麦叶片已经出现干枯现象，40 组 O_3 处理时受害症状明显轻于高浓度 O_3 处理组，而本底组无明显受害症状，冬小麦长势明显好于高浓度 O_3 处理组。

本底组　　　　　　　　　　　　　　40 组

80 组　　　　　　　　　　　　　　120 组

图 4-3　O_3 浓度升高对冬小麦叶片表观受害症状的影响（乳熟期）

4.4　对冬小麦生长影响

冬小麦株高变化如图 4-4 所示。由图可知，返青期时各熏蒸组株高差异不大。随着熏蒸时间的逐渐延长，冬小麦株高呈现随熏蒸浓度增加而减小的趋势，差异也越来越显著。到成熟期时，冬小麦株高变化趋势为本底组（CK）>40 组>80 组>120 组，大田对照组略高于本底组。

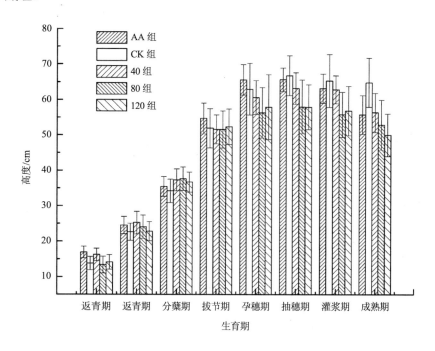

图 4-4　冬小麦不同生育期不同熏蒸浓度组株高

4.5　对冬小麦光合生理影响

冬小麦不同生育期不同熏蒸浓度的光合效率（以每平方米秒吸收的 CO_2 μmol 数表示）如图 4-5、图 4-6 和图 4-7 所示。

由图 4-5 可知，拔节期冬小麦的光合效率随 O₃ 浓度的增加逐渐降低，大田对照组（AA 组）光合效率最高。拔节期冬小麦光合效率日动态呈单峰曲线。

由图 4-6 可知，灌浆期不同熏蒸浓度冬小麦的光合效率日动态没有显著规律，该生育期冬小麦各熏蒸组的光合日动态呈双峰曲线。

由图 4-7 可知，抽穗孕穗期大田对照组和本底组光合效率显著高于 80 组和 120 组。大田对照组和本底组光合日动态呈双峰曲线，40 组为不明显的双峰曲线，80 组与 120 组光合效率较低，基本没有波动。

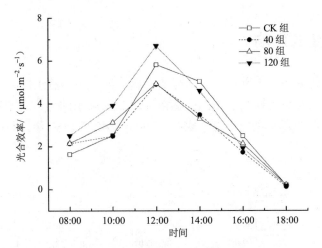

图 4-5　冬小麦拔节期光合效率

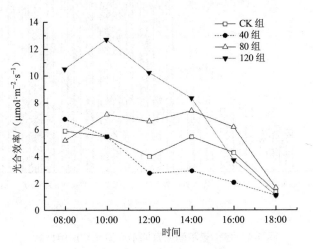

图 4-6　冬小麦灌浆期光合效率

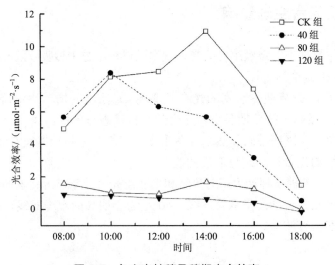

图 4-7　冬小麦抽穗孕穗期光合效率

冬小麦叶片叶绿素含量随生育期呈现先下降再上升最后下降的趋势，如图 4-8 所示。生育初期不同熏蒸浓度下叶片叶绿素含量的变化没有明显规律。成熟期冬小麦叶片叶绿素含量随各组浓度的增加呈现下降趋势。

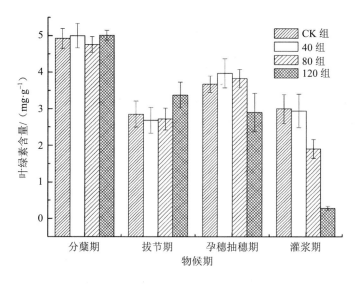

图 4-8　冬小麦叶绿素含量

4.6　对冬小麦生化指标影响

4.6.1　丙二醛（MDA）

MDA 是膜脂过氧化的产物，是植物衰老的重要指标。从图 4-9 可以看出，无论是拔节期还是抽穗期，在低浓度 O_3 处理下冬小麦叶片 MDA 含量与对照组相比差异不明显，但是在高浓度处理时（120 组），MDA 含量均显著增加，与本底组相比，冬小麦叶片 MDA 含量在拔节期提高 314.3%，抽穗期提高 65.0%，这也与其他研究者的研究结果一致。

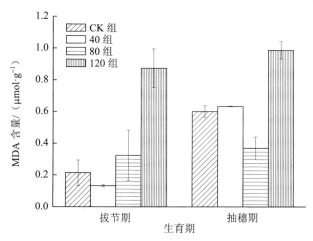

图 4-9　O_3 浓度升高对冬小麦叶片 MDA 含量的影响

4.6.2 脯氨酸

图 4-10 为 O_3 熏蒸下冬小麦叶片脯氨酸含量变化图。由图中可以看出，不同 O_3 熏蒸条件下脯氨酸含量呈现不同的变化趋势。熏蒸初期（拔节期），脯氨酸含量随 O_3 浓度增高呈略降低后增加趋势，40 组、80 组和 120 组含量分别低于本底 4.14%，高于本底 12.98% 和 26.80%；而在抽穗期，脯氨酸含量则先随 O_3 浓度增大而增加，然后高浓度 O_3（120 组）下急剧减少，40 组和 80 组显著高于本底（$P < 0.05$），分别高 163.87% 和 173.16%，120 组低于本底组 42.36%，说明作物为了抵抗和适应 O_3 胁迫在生理生化方面做出了积极的响应。但是当 O_3 浓度提高到 120 组时脯氨酸含量又迅速下降，这可能是因为 O_3 浓度过高导致植物细胞和酶结构受到破坏，使脯氨酸的合成途径受阻所致。到了乳熟期，O_3 熏蒸下的脯氨酸含量都明显低于本底，随 O_3 浓度增加，分别降低了 43.99%、24.53% 和 42.85%，O_3 胁迫下的累积效应已导致了植物组织的破坏，当超过了机体的调节能力时，脯氨酸的合成受阻。抽穗期脯氨酸含量要明显高于其他两个时期，可能与该时期是作物重要的物质积累时期有关，植物的生理活性比较旺盛。

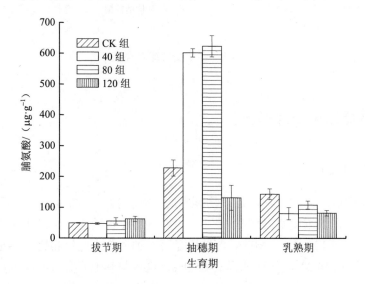

图 4-10　O_3 浓度升高对冬小麦叶片脯氨酸含量的影响

4.6.3 过氧化物酶（POD）

图 4-11 为 O_3 浓度升高对冬小麦叶片 POD 活性（以每毫克蛋白质分钟的单位活性 U 值表示）的影响。从图中可以看出，在冬小麦拔节期，O_3 胁迫对叶片 POD 活性影响不大，而在抽穗期 O_3 胁迫导致 POD 活性有一个升高的趋势（除了 80 组 O_3 处理外），尤其是 120 组冬小麦抽穗期叶片 POD 活性比本底高 210.7%。在相同的 O_3 处理下，冬小麦抽穗期叶片 POD 活性均高于拔节期。

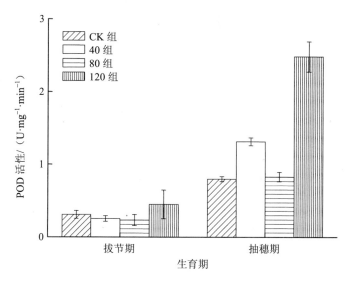

图 4-11　O₃ 浓度升高对冬小麦叶片 POD 活性的影响

4.6.4　过氧化氢酶（CAT）

图 4-12 为 O₃ 浓度升高对冬小麦叶片 CAT 活性（以每毫克蛋白质每分钟氧化的 H_2O_2 mg 数表示）的影响。从图中看出在冬小麦拔节期，低浓度 O₃ 处理下（40 组）冬小麦叶片 CAT 活性与本底相比差别不明显，但是 80 组和 120 组 O₃ 导致 CAT 活性分别比本底降低 57.1%和 64.9%。在抽穗期，随着 O₃ 浓度升高冬小麦叶片 CAT 活性呈现出显著降低的趋势（$P<0.05$），40 组、80 组和 120 组冬小麦叶片 CAT 活性分别比本底降低 37.6%、35.7% 和 60.4%。

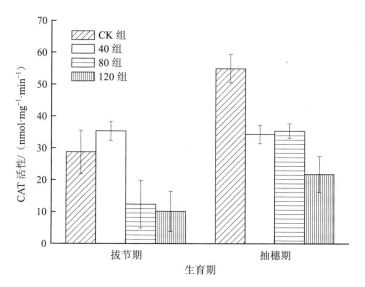

图 4-12　O₃ 浓度升高对冬小麦叶片 CAT 活性的影响

4.6.5 超氧化物歧化酶（SOD）

SOD 可以清除植物体内的 O_2^- 并形成 H_2O_2，被认为是清除活性氧自由基的关键酶，而形成的 H_2O_2 可以被 CAT、POD 等催化形成 H_2O。因此，SOD、CAT 和 POD 等酶活性的增加，是植物对 O_3 等逆境胁迫反应的结果，使植物能够加速活性氧的清除，降低活性氧在植物体内过多的累积，抑制膜脂过氧化，有效保护膜系统。但是在较强的 O_3 胁迫下，当植物体内的活性氧累积超过一定限度后，植物多种功能膜和酶系统将会受到破坏，从而致使 SOD、CAT 活性下降，导致植物体内活性氧迅速累积，进一步加速了 O_2^-、$^1O_2$ 和 H_2O_2 通过 Fenton 和 Haber-Weiss 反应向毒性较强的 $\cdot OH$ 转化。因此较高浓度的 O_3 胁迫将极大地破坏膜系统，使植物代谢失调，细胞及器官受损，加剧植物叶片的衰老。

图 4-13 为 O_3 浓度升高对冬小麦叶片 SOD 活性（以每毫克蛋白质每小时的单位活性 U 值表示，以每小时抑制 NBT 光化学还原 50% 的酶量为一个酶活力单位）的影响，如图所示冬小麦拔节期叶片 SOD 活性均随 O_3 浓度的升高而显著降低（$P<0.05$），40 组、80 组和 120 组冬小麦叶片 SOD 活性分别比本底降低 27.5%、48.2% 和 50.3%。在冬小麦抽穗期，40 组和 120 组的 SOD 活性均比本底组显著降低，而 80 组的 SOD 活性却比本底显著提高，提高幅度为 17.3%。也有研究认为，低浓度 O_3 胁迫可导致植物叶片 SOD、CAT 活性提高，但是随着 O_3 浓度的上升，SOD、CAT 活性又急剧下降。

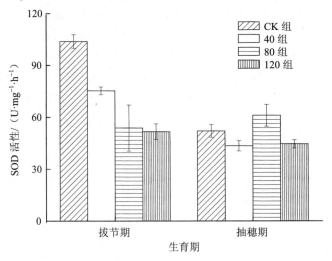

图 4-13　O_3 浓度升高对冬小麦叶片 SOD 活性的影响

4.6.6 抗坏血酸（AsA）

抗坏血酸-谷胱甘肽循环是植物体内重要的清除活性氧的体系，包括的物质有 AsA、GSH 及相关酶类（APX 和 GR 等）。AsA 是一种存在于植物细胞内及细胞间隙间的小分子水溶性还原剂，它与 O_3 及其分解产生的自由基反应常数较高，因此被认为是植物抵抗 O_3 氧化胁迫的第一道防线。由于叶绿体中不存在大量的 CAT，所以叶绿体中 SOD 歧化 O_2^- 所产生的 H_2O_2 将由一种特定的代谢途径，即抗坏血酸-谷胱甘肽循环来清除，而 AsA 将作为这个循环中 APX 的电子供体将 H_2O_2 还原为 H_2O。

　　图 4-14 为 O₃ 浓度升高对冬小麦叶片 AsA 含量的影响。从图中可以看出，冬小麦拔节期 AsA 含量在 O₃ 浓度为 40 组和 120 组时有一个提高的过程，但在 80 组 O₃ 处理时 AsA 含量却比本底显著减少。抽穗期 120 组 O₃ 处理下冬小麦叶片 AsA 含量显著高于本底（63.8%），其他 O₃ 浓度处理下 AsA 含量与本底无显著差异。上述研究中，冬小麦拔节期和抽穗期 AsA 含量在 O₃ 浓度为 120 组时均比本底组显著增加，说明此时 AsA 在清除活性氧自由基方面起到了重要的作用。

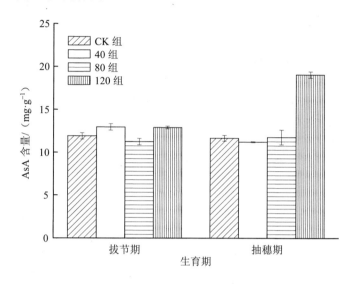

图 4-14　O₃ 浓度升高对冬小麦叶片 AsA 含量的影响

　　O₃ 浓度升高对冬小麦叶片 APX 活性（以每毫克蛋白质每分钟氧化的 AsA μmol 数表示）的影响见图 4-15。在冬小麦拔节期，低浓度的 O₃（40 组）导致叶片 APX 活性显著提高，但是随着 O₃ 浓度不断升高，APX 活性表现出降低的趋势，120 组冬小麦叶片 APX 活性比本底组降低 75.6%。在冬小麦抽穗期，80 组 O₃ 浓度导致冬小麦叶片 APX 活性比本底显著提高 104.5%，但是其他 O₃ 处理的 APX 活性与本底组无显著差异。

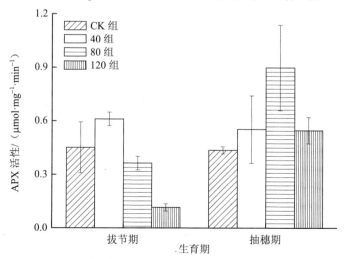

图 4-15　O₃ 浓度升高对冬小麦叶片 APX 活性的影响

4.6.7 谷胱甘肽

图 4-16 为 O_3 浓度升高对冬小麦叶片还原性谷胱甘肽 GSH 含量的影响。图中表明在冬小麦拔节期，O_3 污染胁迫导致 GSH 含量显著提高（$P<0.05$），40 组、80 组和 120 组冬小麦叶片 GSH 含量分别比本底提高 49.7%、48.1% 和 31.7%。在冬小麦抽穗期，除了 O_3 浓度为 40 组时冬小麦叶片 GSH 含量比本底提高外，80 组和 120 组 O_3 胁迫均导致 GSH 含量比本底组显著降低，降低幅度分别达到 14.2% 和 27.9%。

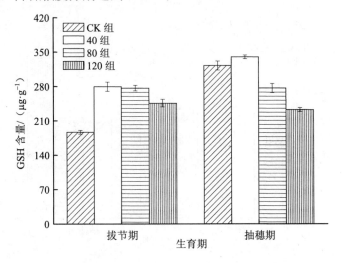

图 4-16 O_3 浓度升高对冬小麦叶片 GSH 含量的影响

图 4-17 为 O_3 浓度升高对冬小麦叶片谷胱甘肽还原酶（GR）活性（以每毫克蛋白质每分钟的单位活性 U 值表示，以每分钟还原产生 1 μg GSH 为一个酶活力单位）的影响。从图中可以看出，在冬小麦拔节期除了 120 组 O_3 胁迫导致冬小麦叶片 GR 活性比本底显著提高 80.5% 外，其他 O_3 处理的 GR 活性与本底相比没有达到显著差异水平。在冬小麦抽穗期，40 组和 80 组 O_3 处理的 GR 活性与本底组相比没有显著差异，但是当 O_3 浓度升高到 120 组时冬小麦叶片 GR 活性比本底组显著降低 70.4%。

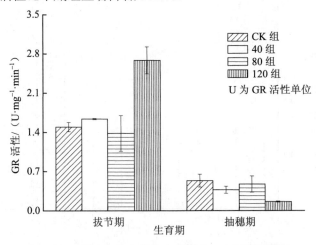

图 4-17 O_3 浓度升高对冬小麦叶片 GR 活性的影响

4.6.8　硝酸还原酶活性

图 4-18 为 O$_3$ 熏蒸条件下不同生育期冬小麦叶片硝酸还原酶活性（以每克叶片每小时增加的 NO$_2^-$ 的 μg 值表示）的变化。可以看出，O$_3$ 熏蒸下冬小麦叶片硝酸还原酶活性要低于没有受到 O$_3$ 胁迫的本底组，这也与水稻的变化趋势相一致。当 O$_3$ 浓度升高，40 组、80 组和 120 组的冬小麦叶片硝酸还原酶活性分别比本底组降低 45.38%、68.92% 和 92.94%（拔节期）；57.99%、78.77% 和 93.49%（抽穗期）；90.87%、89.95% 和 93.15%（乳熟期）。

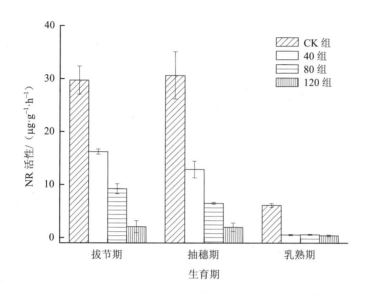

图 4-18　O$_3$ 浓度升高对冬小麦叶片硝酸还原酶活性的影响

4.6.9　铵态氮和硝态氮

图 4-19 和图 4-20 分别为 O$_3$ 熏蒸下冬小麦叶片硝态氮和铵态氮含量的变化情况。从图中可以看出，在不同的生长期内（拔节期、抽穗期和乳熟期），当 O$_3$ 熏蒸浓度为 40 组和 80 组时对冬小麦叶片硝态氮含量影响不大，但是当 O$_3$ 浓度为 120 组时，冬小麦叶片硝态氮含量分别比本底组显著降低 18.66%、10.08% 和 17.03%。

拔节期冬小麦叶片铵态氮含量，不同处理间差异不明显；抽穗期除了 120 组 O$_3$ 胁迫显著降低冬小麦叶片铵态氮含量以外，其他 O$_3$ 浓度处理影响不大；乳熟期 O$_3$ 熏蒸均导致冬小麦叶片铵态氮含量显著降低，40 组、80 组和 120 组冬小麦叶片铵态氮含量分别比本底组处理降低 13.08%、27.99% 和 45.99%。

O$_3$ 污染胁迫对植物硝酸还原酶活性的影响研究较少，但是有人研究了 CO$_2$ 浓度升高对冬小麦氮代谢的影响，发现 CO$_2$ 浓度升高可导致冬小麦地上部硝酸还原酶活性、铵态氮和硝态氮含量降低，出现这种结果是由于植物硝态氮代谢过程增强、形成更多的含氮有机化合物所引起的。

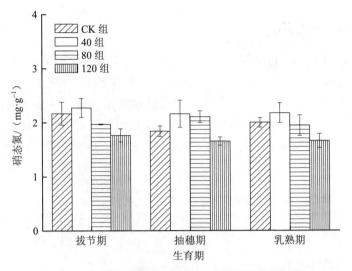

图 4-19　O_3 浓度升高对冬小麦叶片硝态氮含量的影响

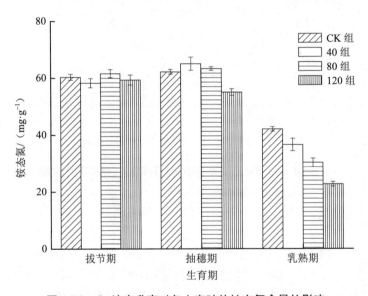

图 4-20　O_3 浓度升高对冬小麦叶片铵态氮含量的影响

4.6.10　叶片可溶性蛋白

　　植物体内的可溶性蛋白既是氮素吸收同化的产物，又是植物体内转运氮的贮存物，是构成光合与其他生理生化过程的活性基础，与作物氮的吸收、同化、转运及酶生理生化作用密切相关，因此，植物生育期叶片可溶蛋白含量的高低可以反映叶片生理生化作用的状态。

　　图 4-21 为 O_3 浓度升高对冬小麦叶片可溶性蛋白含量的影响，由图中看出在冬小麦拔节期，除了 120 组的 O_3 浓度处理可溶性蛋白含量比对照组显著下降外，其他组 O_3 浓度处理可溶性蛋白含量与本底组相比变化均不明显。而在冬小麦抽穗期，O_3 胁迫下冬小麦叶片可溶性蛋白含量均显著高于对照（$P<0.05$），40 组、80 组和 120 组的冬小麦叶片可溶性蛋白含量分别比本底组提高 27.1%、9.5% 和 42.4%，说明冬小麦在不同的生长期对 O_3 的调节

适应机制不同。已有植物叶片可溶性蛋白含量随 O₃ 污染胁迫的加剧而提高的报道。

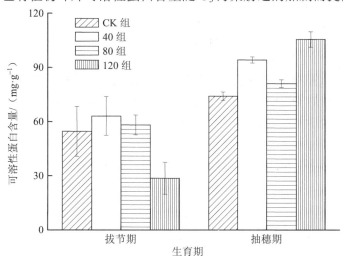

图 4-21　O₃ 浓度升高对冬小麦叶片可溶性蛋白含量的影响

4.7　对冬小麦籽粒品质影响

4.7.1　糖类物质含量

图 4-22 为 O₃ 熏蒸对冬小麦籽粒糖类物质（淀粉和可溶性总糖）含量的影响。从图中可以看出，冬小麦籽粒淀粉含量在 O₃ 浓度为 40 组和 80 组时与对照组相比没有显著差异，但是 O₃ 浓度升高到 120 组处理时淀粉含量比对照组降低 11.72%，这与水稻籽粒淀粉含量变化趋势一致。而冬小麦籽粒可溶性总糖含量在 40 组浓度 O₃ 处理下比对照组提高 9.94%，其他 O₃ 浓度处理时冬小麦籽粒可溶性总糖含量与对照组相比没有显著差异。

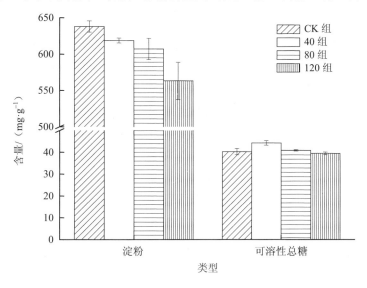

图 4-22　O₃ 浓度升高对冬小麦籽粒糖类物质含量的影响

4.7.2 蛋白类物质含量

图 4-23、图 4-24 和图 4-25 为 O_3 胁迫下冬小麦籽粒蛋白类物质含量的变化情况。由图中可以看出，当 O_3 浓度为 40 组处理时，冬小麦籽粒的清蛋白含量和醇溶蛋白含量分别比对照提高 12.63%和 13.99%，在其他 O_3 浓度处理时这两类蛋白物质含量与对照相比差异不显著。40 组和 80 组的 O_3 浓度分别导致冬小麦籽粒粗蛋白含量分别比对照提高 16.28%和 10.89%。O_3 污染胁迫对冬小麦籽粒球蛋白含量和麦谷蛋白含量影响不大。

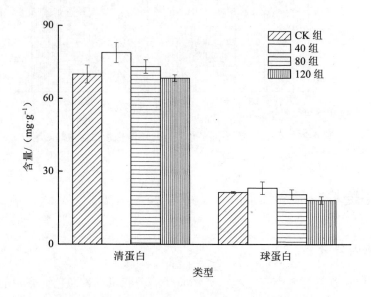

图 4-23　O_3 浓度升高对冬小麦籽粒清蛋白和球蛋白含量的影响

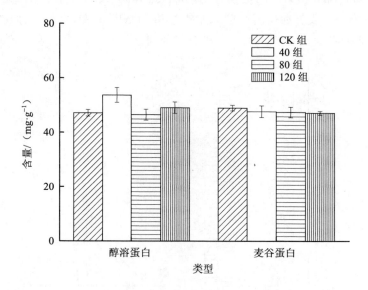

图 4-24　O_3 浓度升高对冬小麦籽粒醇溶蛋白和麦谷蛋白含量的影响

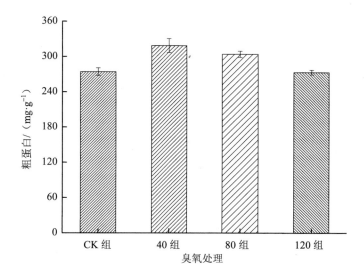

图 4-25　O₃ 浓度升高对冬小麦籽粒粗蛋白含量的影响

4.8　对冬小麦产量影响

不同处理组冬小麦总生物量的变化在其生育初期受 O₃ 熏蒸影响不明显，至灌浆期后冬小麦总生物量随熏蒸浓度的增加显著下降。冬小麦不同熏蒸浓度每平方米产量如图 4-26 所示。

由图 4-26 可知，冬小麦每平方米产量随 O₃ 熏蒸浓度的增加呈现下降的趋势，120 组 O₃ 胁迫下的冬小麦每平方米产量最低。OTC 气室内冬小麦的产量小于气室外大田对照组的产量，说明高浓度 O₃ 造成了冬小麦减产。

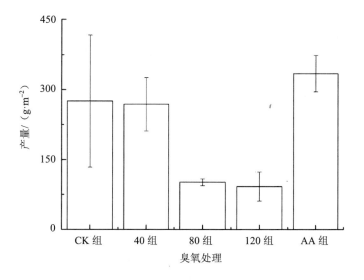

图 4-26　冬小麦每平方米产量

4.9   小结

① O_3 浓度升高造成冬小麦叶片明显的表观受害症状，如叶脉两侧与叶尖出现褐色斑点、叶枯黄、出穗延迟、成熟提前等，还会造成植物株高的降低，说明 O_3 污染对植物生长具有抑制作用。

② O_3 浓度升高会降低冬小麦的光合效率，影响冬小麦的光合日动态曲线。O_3 浓度升高引起冬小麦叶片气孔的关闭，限制叶片对 CO_2 的吸收，进而降低光合效率。冬小麦为抵御 O_3 的氧化损害而产生应激反应，降低叶片叶绿素含量，造成光合效率降低，影响冬小麦的生长发育。

③ O_3 浓度升高使水稻叶片各种生物酶含量发生改变。增加丙二醛含量，降低植物叶片过氧化物酶和硝酸还原酶活性，高浓度 O_3（120 组）可导致冬小麦硝态氮和铵态氮含量显著减少。O_3 浓度升高可导致作物膜质过氧化，作物叶片抗氧化系统酶活性发生变化，冬小麦拔节期叶片 SOD 和 CAT 活性分别比本底降低 50.3% 和 64.9%，POD、APX 和 GR 活性分别提高 45.1%、75.5% 和 80.5%。O_3 浓度升高也可导致冬小麦叶片非酶物质含量发生变化，120 组 MDA、AsA 和 GSH 含量分别提高 314.3%、8.4% 和 31.7%，可溶性蛋白含量降低 47.5%。冬小麦叶片脯氨酸含量除乳熟期时随 O_3 浓度升高而减少外，在其他生长期中低浓度 O_3 胁迫可导致脯氨酸含量出现增加的趋势。

④ 除了 120 组的 O_3 浓度导致冬小麦籽粒淀粉含量比对照显著降低和 40 组的 O_3 浓度导致籽粒可溶性总糖含量显著提高外，其他 O_3 浓度处理对冬小麦籽粒淀粉和可溶性总糖含量均影响不大。O_3 污染胁迫对冬小麦籽粒球蛋白含量和麦谷蛋白含量影响不显著，但是低浓度的 O_3 浓度（40 组）可提高冬小麦籽粒清蛋白、醇溶蛋白和粗蛋白的含量。

⑤ 随着 O_3 熏蒸浓度的增加，冬小麦的生物量及产量都出现了显著下降。

参考文献

[1]   Adams R M，Glyer J D，Johnson S L，et al. A reassessment of the economic effects of ozone on US agriculture. International Journal of Air Pollution Control and Waste Management，1989，39（7）：960-968.

[2]   Aebi H. Catalase in vitro. Methods in Enzymology，1984，105：121-126.

[3]   Beffa R，Martin H V，Pilet P E. In vitro oxidation of indoleacetic acid by soluble auxin-oxidases and peroxidases from maize roots. Plant Physiology，1990，49（2）：485-491.

[4]   Beyer W F，Fridovich I. Assaying for superoxide dismutase activity：Some large consequences of minor changes in conditions. Analytical Biochemistry，1987，161（2）：559-566.

[5]   Blokhina O B，Fagerstedt K V，Chirkova T V. Relationships between lipid peroxidation and anoxia tolerance in a range of species during post-anoxic reaeration. Physiologia Plantarum，1999，105（4）：625-632.

[6]   Bowler C，Montagu M V，Inze D. Superoxide dismutase and stress tolerance. Annual Review of Plant Physiology and Plant Molecular Biology，1992，43（1）：83-116.

[7]   Brown M，Cox R，Bull K R，et al. Quantifying the fine scale（1 km×1 km）exposure，dose and effects

of ozone：part 2 estimating yield losses for agricultural crops. Water，Air and Soil Pollution，1995，85：1485-1490.

[8] Castillo F J，Greppin H. Extracellular ascorbic-acid and enzyme-activities related to ascorbic-acid metabolism in *Sedum album L.* leaves after ozone exposure. Environmental and Experimental Botany，1988，28（3）：231-238.

[9] De Souza I，MacAdam J. A transient increase in apoplastic peroxidase activity precedes decrease in elongation rate of B73 maize（*Zea mays*）leaf blades. Physiologia Plantarum，1998，104（4）：556-562.

[10] Feng Z W，Jin M H，Zhang F Z，et al. Effects of ground-level ozone（O₃）pollution on the yields of rice and winter wheat in the Yangtze River delta. Journal of Environmental Science，2003，15（3）：360-362.

[11] Krivosheeva A，Tao D L，Ottander C，et al. Cold acclimation and photoinhibition of photosynthesis in Scots pine. Planta，1996，200（3）：296-305.

[12] Sakaki T，Kondo N，Sugahara K. Breakdown of photosynthetic pigments and lipids in spinach leaves with ozone fumigation：Role of active oxygens. Physiologia Plantarum，1983，59（1）：28-34.

[13] Selin N E，Wu S，Nam K M，et al. Global health and economic impacts of future ozone pollution. Environmental Research Letters，2009，4：1-9.

[14] Taehibana S，Konishi N. Diurnal variation of in vivo and in vitro reductase activity in cucumber plants. Japan Soc Hort Sci，1991，60：593-599.

[15] Wang X K，Manning W J，Feng Z W，et al. Ground-level ozone in China：distribution and effects on crop yields. Environmental Pollution，2007，147（2）：394-400.

[16] 白月明，郭建平，王春乙，等. 水稻与冬小麦对臭氧的反应及敏感性试验研究. 中国生态农业学报，2002，10（1）：13-16.

[17] 黄玉源，黄益宗，李秋霞，等. 臭氧对南方 3 种木本植物的伤害症状及生理指标变化研究. 生态环境，2006，15（4）：674-681.

[18] 黄益宗，钟敏，隋立华，等. O₃污染胁迫对冬小麦的伤害症状及叶片氮代谢、脯氨酸和谷胱甘肽含量的影响. 农业环境科学学报，2012，31（8）：1461-1466.

[19] 蒋明义. 水分胁迫下植物体内·OH 的产生与细胞的氧化损伤. 植物学报，1999，41（3）：229-234.

[20] 金明红，黄益宗. 臭氧污染胁迫对农作物生长与产量的影响. 生态环境，2003，12（4）：482-486.

[21] 金明红. 大气 O₃浓度变化对农作物影响的试验研究. 北京：中国科学院生态环境研究中心，2001.

[22] 李合生，孙群，赵世杰. 植物生理生化实验原理和技术. 北京：高等教育出版社，2000.

[23] 刘启明，方月敏，黄志勇，等. 大气臭氧污染的生物学指标监测评价. 生态环境学报，2011，20（4）：612-615.

[24] 吕伟仙，葛滢，吴建之，等. 植物中硝态氮、氨态氮、总氮测定方法的比较研究. 光谱学与光谱分析，2004，24（2）：204-206.

[25] 隋立华. 臭氧污染胁迫对水稻和冬小麦叶片抗氧化系统和氮物质代谢的影响研究. 北京：中国科学院生态环境研究中心，2011.

[26] 隋立华，黄益宗，王玮，等. O₃浓度升高对不同生长期冬小麦叶片抗氧化系统的影响. 生态毒理学报，2011，6（5）：507-514.

[27] 姚芳芳，王效科，陈展，等. 农田冬小麦生长和产量对臭氧动态暴露的响应. 植物生态学报，2008，32（1）：212-219.

[28] 姚芳芳，王效科，欧阳志云，等. 臭氧胁迫下冬小麦物质生产与分配的数值模拟. 应用生态学报，2007，18（11）：2586-2593.

[29] 郑有飞，胡程达，吴荣军，等. 臭氧胁迫对冬小麦光合作用、膜脂过氧化和抗氧化系统的影响. 环境科学，2010，31（7）：1643-1651.

第 5 章 作物 O_3 交换通量的研究方法

5.1 O_3 交换通量测定系统

5.1.1 田间动态通量箱设计

田间动态通量箱箱体采用铝合金方管（宽 2 cm）搭建而成，箱体上下底面为边长 50 cm 的正方形。根据作物生长高度建立了两种规格的通量箱（高分别为 50 cm 和 110 cm，体积分别为 125 L 和 275 L）。铝合金表面和整个箱体用透明的 Teflon 薄膜（厚 0.1 mm）包被而成，既实现了箱体的透光（透光率＞93%），又在最大程度上减少了箱体对 O_3 的吸收。箱体中央对称安装 2 个 Teflon 薄膜包被的小型风扇，箱体中央风速可达 2.5 m/s，从而实现箱内 O_3 的快速均匀混合。箱体中央安装一个干湿温度计，箱体关闭期间记录箱内温湿度。通量箱进出气孔设于侧壁薄膜上，出气口外部装有亚克力透明挡板，防止外部空气吹入箱内。

5.1.2 通量箱系统控制

通量箱系统主要由通量箱、鼓风机、过滤布气管道、O_3 发生装置和气体分析仪组成（图 5-1）。测量时通量箱扣在装有清水的不锈钢底槽上，基本实现了通量箱整体的密闭。通量箱由 PVC 波纹软管（直径 6 cm）与布气管道相连。鼓风机进气口通过 PVC 管引到距水稻冠层 4 m 高处，从而保证通量测定系统内气体浓度的相对稳定，风机出气口经过活性炭滤瓶滤除 O_3，生成零空气。实验所需的 O_3 由 O_3 发生器产生。O_2 瓶提供的 O_2 经转子流量计后进入 O_3 发生器，由 O_3 发生器生成的 O_3 随气流进入通量箱。通过调节进入 O_3 发生器的 O_2 流量和 O_3 发生器内紫外灯的发光强度，来控制通量箱入口的 O_3 浓度。通过调节管路上的三通球阀来控制通量箱内的气体流量。系统流量数据由一台温压补偿型涡轮流量计自动测量并记录。用美国 Thermo 公司生产的 O_3 分析仪 Model49i 监测通量箱进、出气口的 O_3 浓度。利用 CIRAS-1 便携式光合作用系统（PP systems，Hertfordshire，U.K.）测定通量箱进、出气口的 CO_2 浓度。进入通量箱内的空气经植物体和箱体吸收后直接从出口排入大气，从而实现了整个系统的开放式测量。

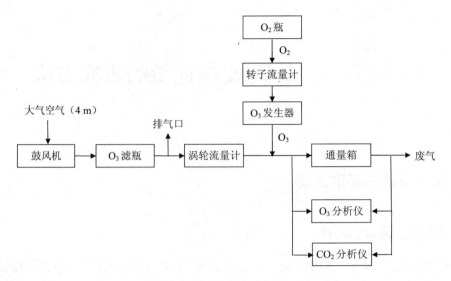

图 5-1   气体交换系统示意图

5.1.3   通量箱系统的性能测试

当箱内气体在风扇的搅拌下混合均匀后，箱内气体浓度可以由通量箱出气口 O_3 浓度所代替。在本实验中，箱内气体浓度达到稳定状态是应用质量平衡方程计算 O_3 通量的前提。由进出气口 O_3 浓度变化情况（图 5-2）可以看出，通过调节 O_2 流量和紫外灯发光强度，通量箱进气口 O_3 浓度可以较好地维持在实验所需 O_3 浓度水平上。当通量箱入口 O_3 浓度达到稳定时，在 10 min 的关箱时间内，出气口 O_3 浓度也很快达到稳定状态，从而保证通量计算的准确性。

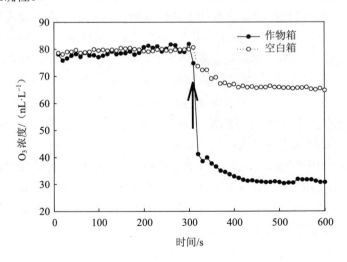

图 5-2   通量箱关闭后进出气口 O_3 浓度变化

[O_3 浓度设定为 80 nL·L^{-1}，箭头处（时间为 300 s）表示测量点从入口切换到出口]

5.1.4 与国内外同类通量测定系统比较

目前，国内应用箱式法对植被冠层气体通量的研究以 CO_2 为主，对植被冠层 O_3 通量的研究几乎为空白。国外学者应用箱式法进行了大量的植被冠层 O_3 通量研究，研究对象主要为乔木（橡树等）和低矮的农作物（四季豆等），通量测量部位主要为冠层顶部枝条，因此箱体容积相对较小，约为 10 L。O_3 是一种强氧化性气体，通过气孔和非气孔表面，整个植被冠层都会吸收 O_3。由于植被冠层不同部位的环境条件（如光照、风速等）不同，各部位冠层对 O_3 的吸收量也存在一定差异，仅用冠层顶部枝条的 O_3 通量结果反映整个冠层的 O_3 吸收特征可能存在一定误差。本研究中，通量箱的结构组成与国外研究大体相同，为适应水稻和小麦的冠层生长特点，本研究在保证测量精度的基础上，扩大了通量箱容积（125 L 和 275 L），并将箱体形状由圆柱体（主要用于测量枝条 O_3 通量）改为长方体，从而实现了对实验地块内（0.5 m × 0.5 m）整个作物冠层 O_3 通量的监测，提高了利用箱式法测量冠层 O_3 通量的准确性。

5.2 冠层通量计算方法

5.2.1 冠层 O_3 交换通量计算

作物冠层 O_3 通量（J_{O_3}，$nmol \cdot m^{-2} \cdot s^{-1}$）和 CO_2 通量（J_{CO_2}，$\mu mol \cdot m^{-2} \cdot s^{-1}$）根据以下公式计算而得：

$$J_{O_3} = \frac{F \Delta C_{crop,O_3} P}{ART} \tag{5-1}$$

$$J_{CO_2} = \frac{F \Delta C_{crop,CO_2} P}{ART} \tag{5-2}$$

式中，F 为体积流速，$m^3 \cdot s^{-1}$；$\Delta C_{crop,O_3}$ 和 $\Delta C_{crop,CO_2}$ 分别为由作物引起的箱内 O_3 和 CO_2 浓度变化单位分别为 $nmol \cdot mol^{-1}$ 和 $\mu mol \cdot mol^{-1}$；P 为气压，Pa；A 为样方面积，m^2；R 为普适气体常数，$J \cdot mol^{-1} \cdot K^{-1}$；$T$ 为绝对温度，K。

$\Delta C_{crop,O_3}$ 和 $\Delta C_{crop,CO_2}$ 通过质量平衡方程计算而得。箱内气体浓度稳定时，箱内气体质量平衡方程可表示为：

$$FC_{in} - FC_{out} - F\Delta C_{crop} - K_{chamber} C_{out} V = 0 \tag{5-3}$$

式中，F 为体积流速，$m^3 \cdot s^{-1}$；C_{in} 和 C_{out} 为通量箱进、出气口气体浓度；V 为通量箱容积，m^3；$K_{chamber}$ 为一阶吸收速率常数，反映了气体和箱壁的反应速度。

为排除通量箱箱体对作物 O_3 通量测量的影响，实验时交替测量作物地块和空白地块的 O_3 通量，并将空白空箱 O_3 数据代入到作物通量测量中，从而得到作物 O_3 吸收量。根据质量平衡方程和 Amiro 等提出的通量计算方法计算作物冠层 O_3 通量：

$$FC_{in} - FC_{out} - F\Delta C_{crop} - KC_{out} V = 0 \tag{5-4}$$

$$J = F\Delta C_{crop} P / ART \tag{5-5}$$

式中，F 为通量系统气体流速，$m^3 \cdot s^{-1}$；C_{in} 和 C_{out} 分别为通量箱进出气口 O_3 浓度，$nL \cdot L^{-1}$；ΔC_{crop} 为通量箱内作物引起的气体浓度变化，$nL \cdot L^{-1}$；K 为通量箱箱壁气体吸收速率常数，s^{-1}；V 为通量箱体积，m^3；J 为作物冠层 O_3 通量，$nmol \cdot m^{-2} \cdot s^{-1}$；$P$ 为气压，Pa；A 为箱体覆盖面积，m^2；R 为普适气体常数，$8.314 \ J \cdot mol^{-1} \cdot K^{-1}$；$T$ 为气温，K。

5.2.2　气孔 O_3 交换通量计算

有实验表明叶片内部 O_3 浓度为零，因而气孔 O_3 吸收通量只取决于叶片外部 O_3 浓度和叶片阻力。根据阻力相似原则，气孔 O_3 吸收通量的计算公式如下：

$$F_{st,O_3} = \frac{[O_3]_{can}}{R_{b,O_3} + R_{s,O_3}} \qquad (5\text{-}6)$$

式中，F_{st, O_3} 为叶片气孔 O_3 吸收通量，$nmol \cdot m^{-2} \cdot s^{-1}$；$[O_3]_{can}$ 为植株冠层高度处 O_3 浓度，$nmol \cdot m^{-3}$；R_{b,O_3} 和 R_{s,O_3} 分别为 O_3 的边界层阻力和气孔阻力，$s \cdot m^{-1}$。

O_3 的边界层阻力 R_{b, O_3} 的计算公式如下：

$$R_{b,O_3} = 1.3 \times 150 \times \sqrt{\frac{L}{u}} \qquad (5\text{-}7)$$

式中，"1.3" 为气孔对 O_3 和热量的扩散率比值；"150" 为边界层对热量的扩散阻力常数；L 为叶片的特征尺寸，m；u 为冠层顶部风速，$m \cdot s^{-1}$。

O_3 的气孔阻力 R_{s,O_3} 的计算公式如下：

$$R_{s,O_3} = \frac{1.63}{g_{s,H_2O}} \qquad (5\text{-}8)$$

式中，"1.63" 为气孔对 H_2O 和 O_3 的扩散率比值；g_{s,H_2O} 为气孔对 H_2O 的导度，$m \cdot s^{-1}$。

累积气孔 O_3 吸收通量计算公式如下：

$$AF_{st}X = \sum (F_{st} - X) \qquad (5\text{-}9)$$

式中，F_{st} 为气孔 O_3 吸收速率，$nmol \cdot m^{-2} \cdot s^{-1}$；$X$ 为气孔 O_3 吸收速率临界值，$nmol \cdot m^{-2} \cdot s^{-1}$；$AF_{st}X$ 为气孔 O_3 吸收速率高于临界值 X 时的累积 O_3 吸收通量，$mmol \cdot m^{-2}$。

5.3　气孔导度模型

根据 Jarvis 气孔导度模型对气孔导度进行拟合：

$$g_{s,H_2O} = g_{max} \times \min(f_{phen}, f_{O_3}) \times f_{PAR} \times \max[f_{min}, (f_{temp} \times f_{VPD} \times f_{SWP})] \qquad (5\text{-}10)$$

式中，g_{s,H_2O} 为基于投影叶片面积（PLA）的实测气孔导度，$mmol \cdot m^{-2} \cdot s^{-1}$；$g_{max}$ 为最大气孔导度，$mmol \cdot m^{-2} \cdot s^{-1}$；$f_{phen}$、$f_{O_3}$、$f_{PAR}$、$f_{temp}$、$f_{VPD}$ 和 f_{SWP} 分别为物候期（phen）、O_3 剂量（AOT0，每小时 O_3 浓度大于 $0 \ nL \cdot L^{-1}$ 的累积 O_3 暴露值）、光强（PAR）、温度（T）、水汽压差（VPD）和土壤含水量（SWP）对气孔导度的限制函数（$0 \leqslant f \leqslant 1$），反映了各环境因子对最大气孔导度的降低程度。各限制函数通过对某一环境因子影响下的相对气孔导度 g_{rel}（$g_{rel} = g_s / g_{max}$）进行边界线分析获得，即以环境因子为横坐标，以 g_{rel} 为纵坐标做散点图，利用已有文献中的函数形式，对最外围数据点进行拟合，从而确定限制函数中各参数数值。f_{min} 为最小相对气孔导度，由最小气孔导度和最大气孔导度的比值确定。

5.4　小结

① 根据水稻和冬小麦冠层生长特点，对以往 O_3 通量箱结构进行改进，建立了一种大型通量箱，实现了对整个作物冠层 O_3 通量的监测，通过准确调节进入 O_3 发生器的 O_2 流量和 O_3 发生器内紫外灯的发光强度，实现了通量测量期间系统内 O_3 浓度的稳定，保证了测量数据的可靠性。研究中，通量箱内外环境条件保持了较高的相似性，充分减少了箱体对作物生长的影响，降低了实验误差。

② 利用通量箱方法，根据质量平衡方程和 Amiro 等提出的通量计算方法计算作物冠层 O_3 通量；由于叶片内部 O_3 浓度为零，因而气孔 O_3 吸收通量只取决于叶片外部 O_3 浓度和叶片阻力，根据阻力相似原则，可计算获得气孔 O_3 吸收通量及累积气孔 O_3 吸收通量；根据 Jarvis 气孔导度模型对气孔导度进行拟合：物候期（phen）、O_3 剂量（AOT0，小时 O_3 浓度大于 $0\ nL \cdot L^{-1}$ 的累积 O_3 暴露值）、光强（PAR）、温度（T）、水汽压差（VPD）和土壤含水量（SWP）都是气孔导度的限制因子。

参考文献

[1] Altimir N，Vesala T，Keronen P，et al. Methodology for direct field measurements of ozone flux to foliage with shoot chambers. Atmospheric Environment，2002，36（1）：19-29.

[2] Amiro A D，Gillespie T J，Thurtell G W. Injury response of *Phaseolus vulgaris* to ozone flux density. Atmospheric Environment，1984，18（6）：1207-1215.

[3] Burkart S，Manderscheid R，Weigel H J. Design and performance of a portable gas exchange chamber system for CO_2- and H_2O-flux measurements in crop canopies. Environmental and Experimental Botany，2007，61（1）：25-34.

[4] Campbell G S，Norman J M. An Introduction to Environmental Biophysics. 2nd ed. Berlin：Springer，1998：286-286.

[5] Emberson L D，Ashmore M R，Cambridge H M，et al. Modelling stomatal ozone flux across Europe. Environmental Pollution，2000，109（3）：403-413.

[6] Emberson L D，Wieser G，Ashmore M R. Modelling of stomatal conductance and ozone flux of Norway spruce：comparison with field data. Environmental Pollution，2000，109（3）：393-402.

[7] Ennis C A，Lazrus A L，Kok G I，et al. A branch chamber system and techniques for simultaneous pollutant exposure experiments and gaseous flux determinations. Tellus，1990，42B：170-182.

[8] Fuentes J D，Gillespie T J. A gas exchange system to study the effects of leaf surface wetness on the deposition of ozone. Atmospheric Environment，1992，26A（6）：1165-1173.

[9] Garcia R L，Norman J M，McDermitt D K. Measurements of canopy gas exchange using an open chamber system. Remote Sensing Reviews，1990，5（1）：141-162.

[10] Granat L，Richter A. Dry deposition to pine of sulphur dioxide and ozone at low concentration. Atmospheric Environment，1995，29（14）：1677-1683.

[11] Laisk A，Kull O，Moldau H. Ozone concentration in leaf intercellular air space is close to zero. Plant Physiology，1989，90（3）：1163-1167.

[12] Pleijel H，Danielsson H，Vandermeiren K，Blum C，et al. Stomatal conductance and ozone exposure in relation to potato tuber yield-results from the European CHIP programme. European Journal of Agronomy，2002，17（4）：303-317.

[13] Rondón A，Johansson C，Granat L. Dry deposition of nitrogen dioxide and ozone to coniferous forests. Journal of Geophysical Research，1993，98（D3）：5159-5172.

[14] Schnug E，Heym J，Achwan F. Establishing Critical Values for Soil and Plant Analysis by Means of the Boundary Line Development System（Bolides）. Communications in Soil Science and Plant Analysis，1996，27（13-14）：2739-2748.

[15] UN-ECE. Revised Manual on Methodologies and Criteria for Mapping Critical Levels/Loads and Geographical Areas where They Are Exceeded//Mapping Critical Levels for Vegetation. UN-ECE Convention on Long-Range Transboundary Air Pollution. Umweltbundesamt，Berlin，Germany（Chapter 3），2004.

[16] Unsworth M H，Heagle A S，Heck W W. Gas exchange in open-top field chambers. I. Measurement and analysis of atmospheric resistances to gas exchange. Atmospheric Environment，1984，18（2）：373-380.

[17] Webb R A. Use of the boundary line in the analysis of biological data. Journal of Horticultural Science and Biotechnology，1972，47：309-319.

第6章　作物 O_3 交换通量的实验研究

6.1　冠层通量实验设计

在田间用正方形不锈钢带槽底座设置 3 个水稻样方和 1 个空地样方，样方大小均为 0.5 m×0.5 m，每个样方内约有 4 丛作物。如表 6-1 所示，选择 5 个重要的生育期（水稻：分蘖期、拔节期、抽穗乳熟期、蜡熟期和完熟期；冬小麦：起身期、拔节期、孕穗期、灌浆期和成熟期）利用通量箱对大田作物进行通量观测。测量时作物大部分时间暴露在自然大气中，只在测量时才将作物扣入通量箱，以减少箱体关闭对作物个体生长的影响。每次测量关箱时间约 10 min，每 10 秒钟记录一个 O_3 浓度值，进出气口先后各测量 5 min。切换测量点时，由于管路长度限制，实测得到出气口 O_3 浓度需要一段时间稳定，稳定时间 1~2 min。通量观测设置 3 个 O_3 浓度水平，分别为 40 nL·L^{-1}、80 nL·L^{-1} 和 120 nL·L^{-1}。实验使用两种 O_3 通气模式用以研究作物冠层 O_3 通量日变化和生育期变化。测量模式 1 为从 8:00—18:00 进行 40 nL·L^{-1}、80 nL·L^{-1} 和 120 nL·L^{-1} 3 个 O_3 水平的循环测量，每个小时约测量 1 次。测量模式 2 模仿自然界 O_3 浓度日变化趋势，即分时间段分别进行不同的入口 O_3 浓度暴露实验：① 9:00—11:00 为 40 nL·L^{-1}；② 11:00—12:00 为 80 nL·L^{-1}；③ 13:30—15:30 为 120 nL·L^{-1}；④ 16:00—17:00 为 80 nL·L^{-1}；⑤ 17:00—18:00 为 40 nL·L^{-1}。为研究作物非气孔途径对冠层 O_3 吸收的作用，每个生育期进行了夜晚作物 O_3 通量测量。因夜晚自然界 O_3 浓度通常较低，所以夜晚 O_3 通量实验只进行了 40 nL·L^{-1} 和 80 nL·L^{-1} 2 个水平的测量，测量时间为 20:00—22:00。实验地环境气象参数由 Spectrum 技术公司生产的 Watchdog 900ET 气象站监测，数据记录时间间隔为 1 min。

表 6-1　通量测量日期

作物		分蘖期	拔节期	抽穗乳熟期	蜡熟期	完熟期
水稻	日变化测量日期		2009 年 6 月 5 日	2009 年 6 月 21 日	2009 年 7 月 2 日	2009 年 7 月 13 日
	生育期变化测量日期	2009 年 5 月 4 日	2009 年 5 月 31 日	2009 年 6 月 19 日	2009 年 7 月 1 日	2009 年 7 月 12 日
		起身期	拔节期	孕穗期	灌浆期	成熟期
冬小麦	日变化测量日期	2010 年 4 月 13 日	2010 年 4 月 28 日	2010 年 5 月 11 日	2010 年 6 月 3 日	2010 年 6 月 15 日
	生育期变化测量日期	2010 年 4 月 12 日	2010 年 4 月 26 日	2010 年 5 月 10 日	2010 年 5 月 29 日	2010 年 6 月 12 日

6.2 水稻冠层通量研究

6.2.1 水稻冠层 O_3 通量日变化

水稻冠层 O_3 通量（图 6-1）在 4 次测量中具有相似的日变化模式，上午通量值较高，下午下降明显。在 2009 年 6 月 5 日和 7 月 2 日出现了较小的中午通量"午休"现象。O_3 通量与 O_3 浓度具有明显的正相关性（$P<0.1$），不同 O_3 浓度下 O_3 通量差异显著（$P<0.05$）。

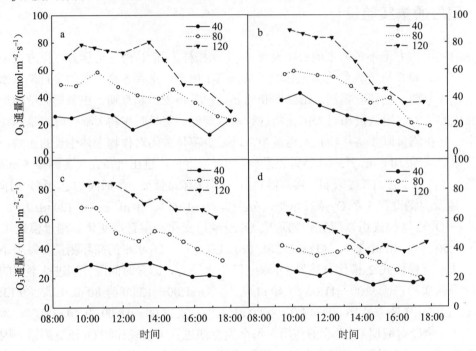

图 6-1 不同 O_3 浓度下水稻 O_3 通量日变化

（a）6 月 5 日，（b）6 月 21 日，（c）7 月 2 日，（d）7 月 13 日

6.2.2 白天水稻冠层 O_3 通量的生育期变化

在整个生育期变化测量中，不同 O_3 浓度水平下的白天水稻冠层 O_3 通量（图 6-2a）均具有明显的生育期变化，O_3 通量最大值均出现在 6 月 19 日或 7 月 1 日，最小值均出现在 5 月 4 日。在 5 次测量中，最高 O_3 通量值均出现在 120 $nL·L^{-1}$ 浓度水平下。随着 O_3 浓度的增加，冠层 O_3 通量从 $5.04\sim22.76$ $nmol·m^{-2}·s^{-1}$（40 nL，17:00—18:00）增加到 $36.44\sim79.78$ $nmol·m^{-2}·s^{-1}$（120 $nL·L^{-1}$，13:30—15:30）。

6.2.3 夜晚水稻冠层 O_3 通量的生育期变化

和白天 O_3 通量生育期变化相似，夜晚水稻冠层 O_3 通量（图 6-2b）也具有明显的生育期变化。在不同 O_3 浓度水平下（40 $nL·L^{-1}$ 和 80 $nL·L^{-1}$），夜晚冠层 O_3 通量均随水稻发育逐渐增加，在 7 月 1 日达到峰值，然后下降。夜晚冠层 O_3 通量与 O_3 浓度具有明显的正相关性，40 nL·L^{-1} 和 80 nL·L^{-1} 水平下夜晚 O_3 通量生育期平均值分别为 10.72 和 16.86 nmol·m^{-2}·s^{-1}。不同 O_3 浓度下的夜晚水稻冠层 O_3 通量差异显著（$p \leqslant 0.05$）。

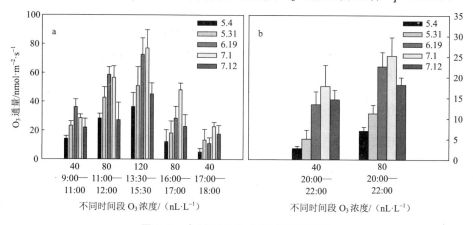

图 6-2 水稻冠层 O_3 通量生育期变化

（a）白天，（b）夜晚

6.2.4 水稻冠层 CO_2 通量日变化

受天气条件影响，水稻冠层 CO_2 通量没有固定的日变化模式（图 6-3）。晴天时（6 月 5 日和 6 月 21 日）CO_2 通量呈单峰曲线变化模式，峰值基本出现在中午前后，阴天时 CO_2 通量日变化趋势较弱，上午通量略高于下午。不同 O_3 处理下 CO_2 通量日变化趋势基本相同，各 O_3 处理间 CO_2 通量没有显著差异（$P > 0.05$）。

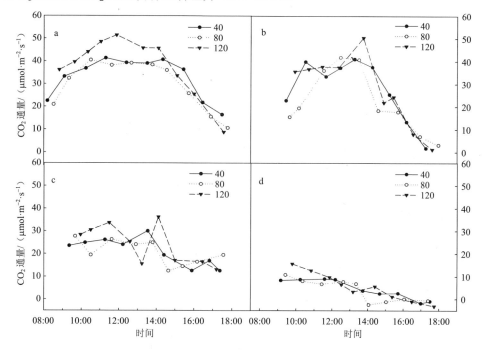

图 6-3 不同 O_3 浓度下水稻 CO_2 通量日变化

（a）6 月 5 日，（b）6 月 21 日，（c）7 月 2 日，（d）7 月 13 日

6.2.5　白天水稻冠层 CO_2 通量的生育期变化

除傍晚 CO_2 通量测量外（16:00—18:00），其他时间段 CO_2 通量都呈单峰型生育期变化模式，峰值基本出现在 5 月 31 日或 6 月 19 日（图 6-4a）。不同测量时期的日通量峰值都出现在 11:00—12:00。生育期内，水稻冠层 CO_2 通量的变化范围为 3.55～13.31 $\mu mol \cdot m^{-2} \cdot s^{-1}$（17:00—18:00）到 10.76～42.73 $\mu mol \cdot m^{-2} \cdot s^{-1}$（11:00—12:00）。

6.2.6　夜晚水稻冠层 CO_2 通量生育期变化

夜晚水稻冠层呼吸作用明显，实验中观察到了明显的夜晚 CO_2 排放（图 6-4b）。不同处理下夜晚 CO_2 排放量从 5 月 4 日一直增加到 6 月 19 日然后逐渐下降。不同处理间 CO_2 排放通量没有显著差异（$P > 0.05$）。

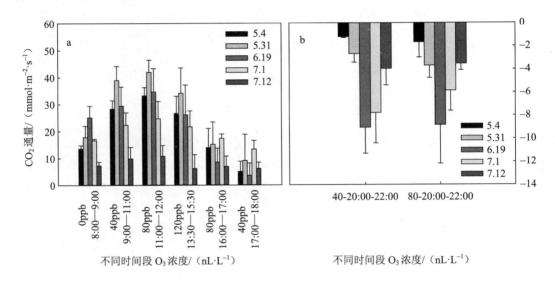

图 6-4　水稻冠层 CO_2 通量生育期变化

（a）白天；（b）夜晚

6.3　冬小麦冠层通量研究

6.3.1　冬小麦冠层 O_3 通量日变化

不同测量时期，冬小麦 O_3 通量日变化趋势并不规则（图 6-5）。前期（4 月 13 日和 4 月 28 日）O_3 通量日变化峰值基本出现在中午前后。中后期（5 月 11 日、6 月 3 日和 6 月 15 日）O_3 通量日变化峰值则出现在上午，且从上午开始逐渐下降，但后两次测量中（6 月 3 日和 6 月 15 日）O_3 通量在下午略有回升。O_3 通量与 O_3 浓度具有明显的正相关性，不同 O_3 浓度下 O_3 通量差异显著（$P < 0.05$）。

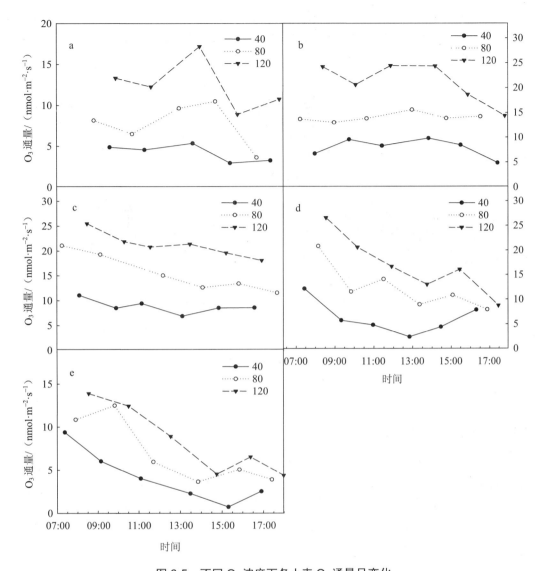

图 6-5　不同 O_3 浓度下冬小麦 O_3 通量日变化

（a）4 月 13 日，（b）4 月 28 日，（c）5 月 11 日，（d）6 月 3 日，（e）6 月 15 日

6.3.2　白天冬小麦冠层 O_3 通量的生育期变化

除第一次观测外（4 月 12 日），不同 O_3 浓度水平下的冬小麦冠层 O_3 通量（图 6-6a）均呈单峰型生育期模式变化，O_3 通量最大值均出现在 5 月 10 日，最小值出现在冬小麦生长初期（4 月 12 日）或末期（6 月 12 日）。在 5 次测量中，最高 O_3 通量值均出现在 120 $nL \cdot L^{-1}$ 浓度水平下。随着 O_3 浓度的增加，冠层 O_3 通量从 2.10～8.92 $nmol \cdot m^{-2} \cdot s^{-1}$（40 $nL \cdot L^{-1}$，17:00—18:00）增加到 16.22～27.78 $nmol \cdot m^{-2} \cdot s^{-1}$（120 $nL \cdot L^{-1}$，13:30—15:30）。

6.3.3　夜晚冬小麦冠层 O_3 通量的生育期变化

两种 O_3 处理下（40 $nL \cdot L^{-1}$ 和 80 $nL \cdot L^{-1}$），夜晚冬小麦冠层 O_3 通量存在一定波动

（图 6-6b）。但两处理下，夜晚冠层 O_3 通量最大值均出现在 5 月 29 日，最小值均出现在 4 月 12 日。夜晚冠层 O_3 通量与 O_3 浓度具有明显的正相关性，40 $nL·L^{-1}$ 和 80 $nL·L^{-1}$ 水平下夜晚 O_3 通量生育期平均值分别为 6.27 和 10.17 $nmol·m^{-2}·s^{-1}$。

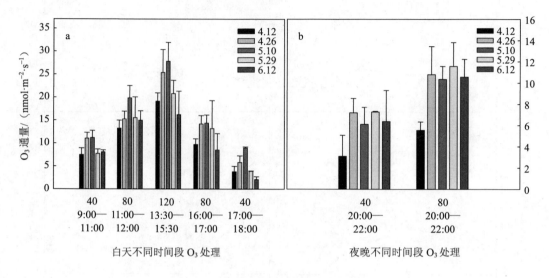

图 6-6　冬小麦冠层 O_3 通量生育期变化

（a）白天，（b）夜晚

6.3.4　冬小麦冠层 CO_2 通量日变化

实验前期（4 月 13 日和 4 月 28 日），冬小麦冠层 CO_2 通量呈单峰型曲线日变化模式，峰值基本出现在中午前后（图 6-7）。实验中后期（5 月 11 日和 6 月 3 日），冠层 CO_2 通量日变化并不规则，峰值出现在上午，一天中 CO_2 通量基本呈现逐渐降低的日变化趋势，下午通量值略有回升。实验末期（6 月 15 日），冠层 CO_2 以排放为主，CO_2 通量呈双峰型日变化趋势。除 4 月 13 日外，不同 O_3 处理间 CO_2 通量没有显著差异（$P > 0.05$）。

6.3.5　白天冬小麦冠层 CO_2 通量的生育期变化

实验期间，除 16:00—17:00 外，各时间段 CO_2 通量基本都呈单峰型生育期变化模式，峰值均出现在 5 月 10 日冬小麦孕穗期（图 6-8a）。不同测量时期的日通量峰值都出现在上午，下午通量值明显较低。生育期内，冬小麦冠层 CO_2 通量的变化范围为 0~8.81 $\mu mol·m^{-2}·s^{-1}$（17:00—18:00）到 6.76~25.35$\mu mol·m^{-2}·s^{-1}$（8:00—9:00）。

6.3.6　夜晚冬小麦冠层 CO_2 通量的生育期变化

实验中观察到了明显的冬小麦夜晚 CO_2 排放（图 6-8b）。不同处理下夜晚 CO_2 排放量随冬小麦的生长而不断增加，在 6 月 12 日冬小麦成熟期冠层 CO_2 排放量达到最大。不同处理间 CO_2 排放通量没有显著差异（$P > 0.05$）。

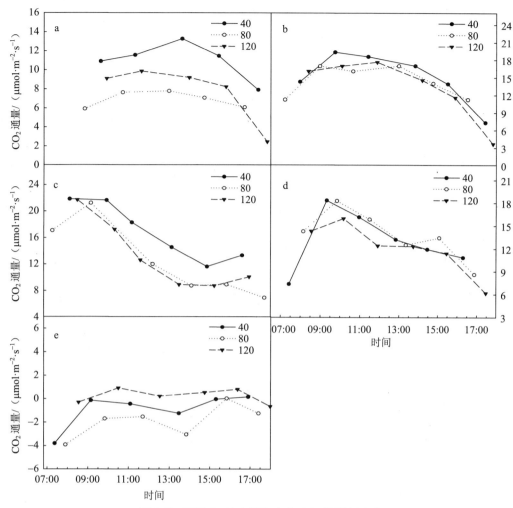

图 6-7 不同 O_3 浓度下冬小麦 CO_2 通量日变化

（a）4 月 13 日，（b）4 月 28 日，（c）5 月 11 日，（d）6 月 3 日，（e）6 月 15 日

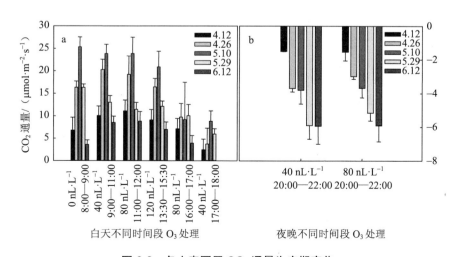

图 6-8 冬小麦冠层 CO_2 通量生育期变化

（a）白天，（b）夜晚

6.4 小结

① 水稻和冬小麦冠层 O_3 通量多呈逐渐下降的日变化趋势，上午 O_3 通量值明显高于下午，这与两作物气孔导度的日变化趋势（上午气孔导度较大，下午相对较小）相似，表明环境因子（光照和水汽压差等）驱动下的气孔运动可能明显影响着作物冠层对 O_3 的吸收。另外，光强和温度等因子可能会驱动植物表面的光化学反应，随着光强和气温的升高，非气孔 O_3 吸收量也可能随之增加，这一过程可能也加剧了本研究中两作物冠层 O_3 通量的日变化趋势。

② 晴天时，水稻和冬小麦冠层 CO_2 通量呈明显的单峰型曲线日变化趋势，且水稻冠层 CO_2 通量与光强因子的日变化趋势相同，表明光强可能是限制水稻冠层吸收 CO_2 的主要因素。冬小麦冠层 CO_2 通量日变化与光强日变化并不一致。晴天时，冠层 CO_2 通量峰值通常出现在上午，这与水分胁迫下冬小麦个体气孔导度的日变化过程相同，气孔因素可能是冠层 CO_2 吸收的主要限制因子。

③ 不同 O_3 处理间作物冠层 CO_2 通量没有显著差异，表明 O_3 暴露并未显著影响两作物冠层的光合作用和暗呼吸作用，其原因可能为：实验设置的 O_3 暴露时间较短（约 10 min），O_3 暴露浓度相对较低（≤120 nL·L^{-1}），两作物冠层对 O_3 的吸收剂量未达到 O_3 胁迫临界值。

④ 冬小麦冠层 O_3 和 CO_2 通量呈明显的单峰型生育期变化模式。冬小麦冠层 O_3 和 CO_2 通量的生育期变化峰值均出现在第三次测量中（2010 年 5 月 10 日），该时期为冬小麦孕穗期，旗叶已完全展开，整个作物冠层的光合能力最强，因此对 O_3 和 CO_2 的吸收能力最大。

⑤ 水稻冠层 O_3 和 CO_2 通量呈明显的单峰型生育期变化模式，但水稻冠层 O_3 通量生育期峰值出现时间晚于 CO_2 通量，这可能与稻田湿润的环境条件下，水稻对两种气体吸收过程的差异有关：水稻冠层对 CO_2 的吸收主要取决于冠层绿色功能叶，而水稻冠层对 O_3 的吸收量可能依赖于全部冠层叶片（绿叶和黄叶），实验期间，随着水稻个体的衰老，水稻冠层光合能力不断下降，但冠层表面积却随水稻抽穗而继续增加，非气孔 O_3 吸收量也因此继续增加，从而导致冠层 O_3 通量峰值出现时间相对错后。

参考文献

[1] Amiro A D, Gillespie T J, Thurtell G W. Injury response of *Phaseolus vulgaris* to ozone flux density. Atmospheric Environment, 1984, 18（6）: 1207-1215.

[2] Danielsson H, Karlsson P G, Karlsson P E, et al. Ozone uptake modelling and flux-response relationships—an assessment of ozone-induced yield loss in spring wheat. Atmospheric Environment, 2003, 37: 475-485.

[3] Ennis C A, Lazrus A L, Kok G I, et al. A branch chamber system and techniques for simultaneous pollutant exposure experiments and gaseous flux determinations. Tellus, 1990, 42B: 170-182.

[4] Feng Z Z, Kobayashi K, Ainsworth E A. Impact of elevated ozone concentration on growth, physiology,

and yield of wheat（*Triticum aestivum* L.）: a meta-analysis. Global Change Biology，2008，14（11）: 2696-2708.

[5]　Fowler D，Flechard C，Cape J N，et al. Measurements of ozone deposition to vegetation quantifying the flux，the stomatal and non-stomatal components. Water，Air and Soil Pollution，2001，130（1-4）: 63-74.

[6]　Fuentes J D，Gillespie T J. A gas exchange system to study the effects of leaf surface wetness on the deposition of ozone. Atmospheric Environment，1992，26A（6）: 1165-1173.

[7]　Gonzalez-Fernandez I，Kaminska A，Dodmani M，et al. Establishing ozone fluxeresponse relationships for winter wheat: Analysis of uncertainties based on data for UK and Polish genotypes. Atmospheric Environment，2010，44（5）: 621-630.

[8]　Granat L，Richter A. Dry deposition to pine of sulphur dioxide and ozone at low concentration[J]. Atmospheric Environment，1995，29（14）: 1677-1683.

[9]　Grimm A G，Fuhrer J. The response of spring wheat（*Triticum aestivum* L.）to ozone at higher elevations I. Measurement of ozone and carbon dioxide fluxes in open-top field chambers. New Phytologist，1992，121（2）: 201-210.

[10]　Grüters U，Fangmeier A，Jäger H-J. Modelling stomatal responses of spring wheat（*Triticum aestivum* L. cv. Turbo）to ozone at different levels of water supply. Environmental Pollution，1995，87（2）: 141-149.

[11]　Inoue K，Sakuratani T，Uchijima Z. Stomatal resistance of rice leaves as influenced by radiation intensity and air humidity. Journal of Agricultural Meteorology，1984，40（3）: 235-242.

[12]　Livingston N J，Black T A. Stomatal characteristics and transpiration of three species of conifer seedlings planted on a high elevation south-facing clear-cut. Canadian Journal of Forest Research，1987，17（10）: 1273-1282.

[13]　Murchie E H，Chen Y，Hubbart S，et al. Interactions between senescence and leaf orientation determine in situ patterns of photosynthesis and photoinhibition in field-crown rice. Plant Physiology，1999，119（2）: 553-564.

[14]　Ng P A，Jarvis P G. Hysteresis in the response of stomatal conductance in *Pinus sylvestris* L. needles to light: observations and a hypothesis. Plant，Cell & Environment，1980，3（3）: 207-216.

[15]　Pang J，Kobayashi K，Zhu J G. Yield and photosynthetic characteristics of flag leaves in Chinese rice（*Oryza sativa* L.）varieties subjected to free-air release of ozone. Agriculture Ecosystems & Environment，2009，132（3-4）: 203-211.

[16]　Pleijel H，Karlsson G P，Danielsson H，et al. Surface wetness enhances ozone deposition to a pasture canopy. Atmospheric Envrionment，29（22）: 3391-3393.

[17]　Rondón A，Johansson C，Granat L. Dry deposition of nitrogen dioxide and ozone to coniferous forests. Journal of Geophysical Research，1993，98（D3）: 5159-5172.

[18]　UN-ECE. Revised Manual on Methodologies and Criteria for Mapping Critical Levels/Loads and Geographical Areas where They Are Exceeded//Mapping Critical Levels for Vegetation. UN-ECE Convention on Long-Range Transboundary Air Pollution. Umweltbundesamt，Berlin，Germany（Chapter 3），2004.

[19]　白月明，郭建平，王春乙，等. 水稻与冬小麦对臭氧的反应及其敏感性试验研究. 中国生态农业学报，2002，10（1）: 13-16.

[20] 梁晶，朱建国，曾青，等. 开放式臭氧浓度升高对水稻叶片光合作用日变化的影响. 农业环境科学学报，2010，29（4）：613-618.

[21] 任三学，赵花荣，姜朝阳，等. 土壤水分胁迫对冬小麦旗叶光合特性的影响. 气象科技，2010，38（1）：114-119.

[22] 姚芳芳，王效科，逯非，等. 臭氧对农业生态系统影响的综合评估：以长江三角洲为例. 生态毒理学报，2008，3（2）：189-195.

第7章 O₃交换通量模型模拟研究

7.1 水稻冠层 O₃通量拟合

利用边界线分析方法，对水稻冠层 O_3 通量和各影响因子的关系进行了分析。O_3 通量具有明显的饱和光响应模式（图 7-1a）。冠层 O_3 通量在 800μmol·m^{-2}·s^{-1} 时接近饱和。冠层 O_3 通量随温度呈单峰型曲线变化（图 7-1b），最低、最适和最高温度分别为 24℃、35℃和 40℃。冠层 O_3 通量的水汽压差临界值为 1.7 kPa（图 7-1c），高于此临界值时，O_3 通量迅速线性下降。整个生育期内，冠层 O_3 通量呈先线性增加后线性降低的趋势变化（图 7-1d），通量峰值出现在水稻播种后 116 天。时间对冠层 O_3 通量具有明显的限制作用（图 7-1e），正午过后，冠层 O_3 通量明显下降。环境 O_3 浓度明显影响着水稻冠层对 O_3 的吸收（图 7-1f），在实验 O_3 浓度范围内（≤120 nL·L^{-1}），冠层 O_3 通量随 O_3 浓度的增加而线性增加。

水稻冠层 CO_2 通量和各影响因子的边界线拟合关系相似。CO_2 通量具有明显的饱和光响应模式（图 7-2a）。冠层 CO_2 通量在 1 000 μmol·m^{-2}·s^{-1} 时接近饱和，略高于冠层 O_3 通量光饱和点。冠层 CO_2 通量随温度呈单峰型曲线变化（图 7-2b），最低、最适和最高温度分别为 20℃、32℃和 41℃。冠层 CO_2 通量的水汽压差临界值约为 1.8 kPa（图 7-2c），高于此临界值时，CO_2 通量迅速线性下降。整个生育期内，冠层 CO_2 通量呈先线性增加后线性降低的趋势变化（图 7-2d），通量峰值起始于水稻播种后 93 天，并一直持续到播种后 102 天。正午过后，冠层 CO_2 通量明显下降（图 7-2e）。环境 CO_2 浓度明显影响着水稻冠层对 CO_2 的吸收（图 7-2f），随着 CO_2 浓度的增加，冠层 CO_2 通量呈单峰曲线变化，峰值出现在 363 μL·L^{-1} 处，CO_2 浓度较高时明显抑制了冠层 CO_2 通量的增加。

利用线性回归分析，对水稻冠层通量拟合结果进行了检验（图 7-3）。结果表明，Jarvis 模型较好地拟合了水稻冠层 O_3 和 CO_2 通量的变化，解释度分别为 78%和 80%。野外测量环境中各环境因子之间可能存在一定的相互作用，导致环境因子对冠层通量的限制作用并不独立，利用乘法运算进行通量预测时，模型可能夸大了环境因子的限制作用，因而导致模型拟合值低于实测值。因此，测量足够的通量数据并合理选择用于模型拟合的环境变量对改善模型的预测能力具有重要意义。

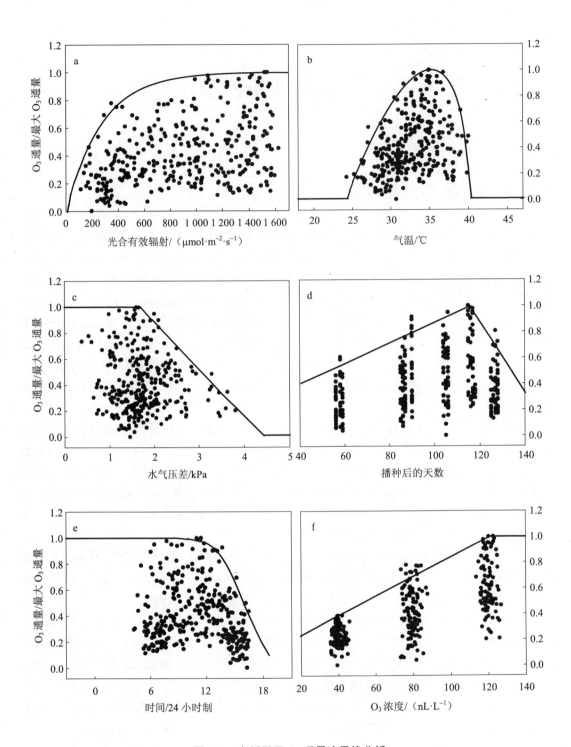

图 7-1　水稻冠层 O_3 通量边界线分析

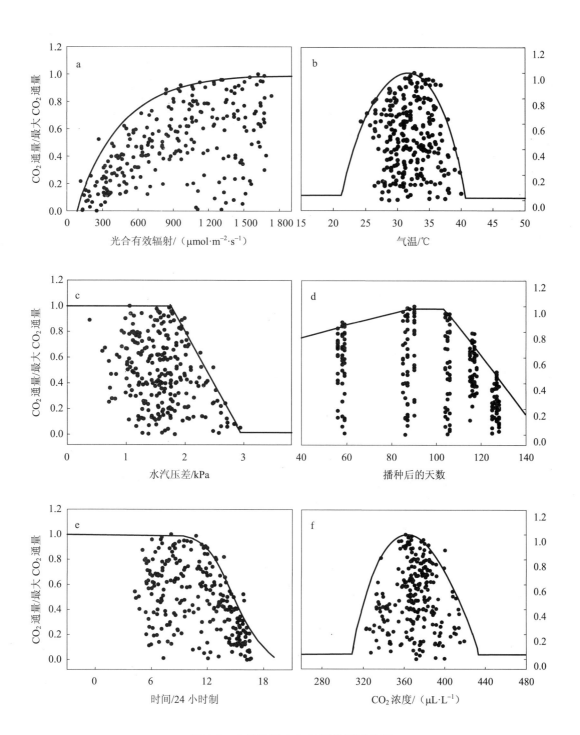

图 7-2　水稻冠层 CO_2 通量边界线分析

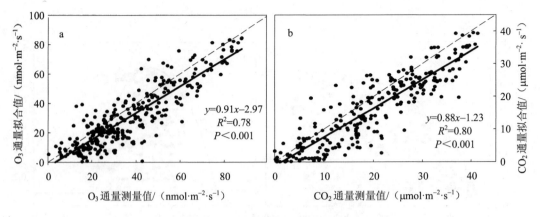

图 7-3　水稻冠层通量回归分析

7.2　冬小麦冠层 O_3 通量拟合

利用边界线分析方法，对冬小麦冠层 O_3 通量和各影响因子的关系进行了分析。O_3 通量具有明显的饱和光响应模式（图 7-4a）。冠层 O_3 通量在 $800\mu mol \cdot m^{-2} \cdot s^{-1}$ 时接近饱和。冠层 O_3 通量随温度呈单峰型曲线变化（图 7-4b），最低、最适和最高温度分别为 7℃、26℃和 43℃。冠层 O_3 通量的水汽压差临界值为 2.2 kPa（图 7-4c），高于此临界值时，O_3 通量迅速线性下降。冠层 O_3 通量的土壤含水量临界值为 61.7%FC（field capacity，田间持水量）（图 7-4d），低于此临界值时，O_3 通量迅速线性下降。整个生育期内，冠层 O_3 通量呈先线性增加后线性降低的趋势变化（图 7-4e），通量峰值出现在冬小麦播种后 211 天。时间对冠层 O_3 通量具有明显的限制作用（图 7-4f），正午过后，冠层 O_3 通量明显下降。环境 O_3 浓度明显影响着冬小麦冠层对 O_3 的吸收（图 7-4g），在实验 O_3 浓度范围内（≤ 120 nL·L^{-1}），冠层 O_3 通量随 O_3 浓度的增加而线性增加。

冬小麦冠层 CO_2 通量和各影响因子的边界线拟合关系相似。CO_2 通量具有明显的饱和光响应模式（图 7-5a）。冠层 CO_2 通量在 900 $\mu mol \cdot m^{-2} \cdot s^{-1}$ 时接近饱和，略高于冠层 O_3 通量光饱和点。冠层 CO_2 通量随温度呈单峰型曲线变化（图 7-5b），最低、最适和最高温度分别为 3.8℃、24.8℃和 42.6℃。冠层 CO_2 通量的水汽压差临界值约为 1.9 kPa（图 7-5c），高于此临界值时，CO_2 通量迅速线性下降。冠层 CO_2 通量的土壤含水量临界值为 57.5%FC（图 7-5d），低于此临界值时，CO_2 通量迅速线性下降。整个生育期内，冠层 CO_2 通量呈先线性增加后线性降低的趋势变化（图 7-5e），通量峰值始于小麦播种后 221 天，并一直持续到播种后第 227 天。正午过后，冠层 CO_2 通量明显下降（图 7-5f）。环境 CO_2 浓度明显影响着冬小麦冠层对 CO_2 的吸收（图 7-5g），冠层 CO_2 通量随着 CO_2 浓度的增加而增加，并在 388 $\mu L \cdot L^{-1}$ 处达到饱和。

利用线性回归分析，对冬小麦冠层通量拟合结果进行了检验（图 7-6）。结果表明，利用 Jarvis 模型得到通量拟合值分别解释了冬小麦冠层 O_3 和 CO_2 通量 62%和 68%的变异性。

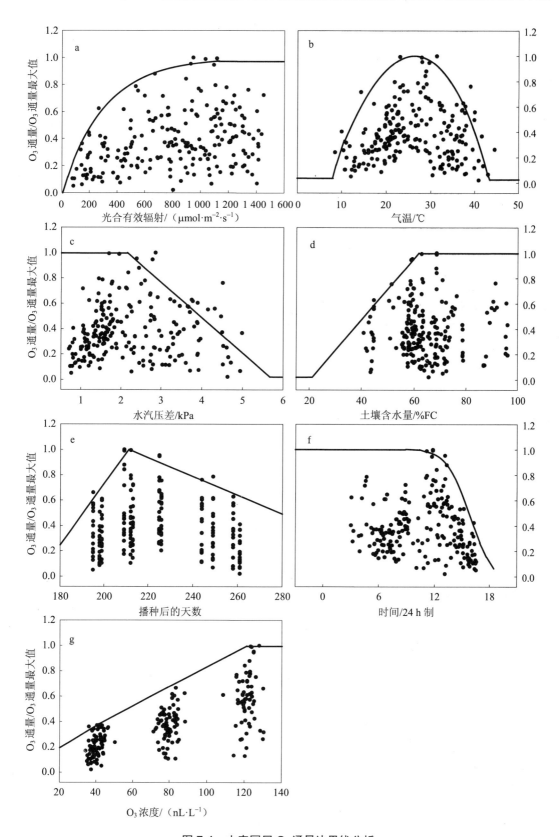

图 7-4　小麦冠层 O₃通量边界线分析

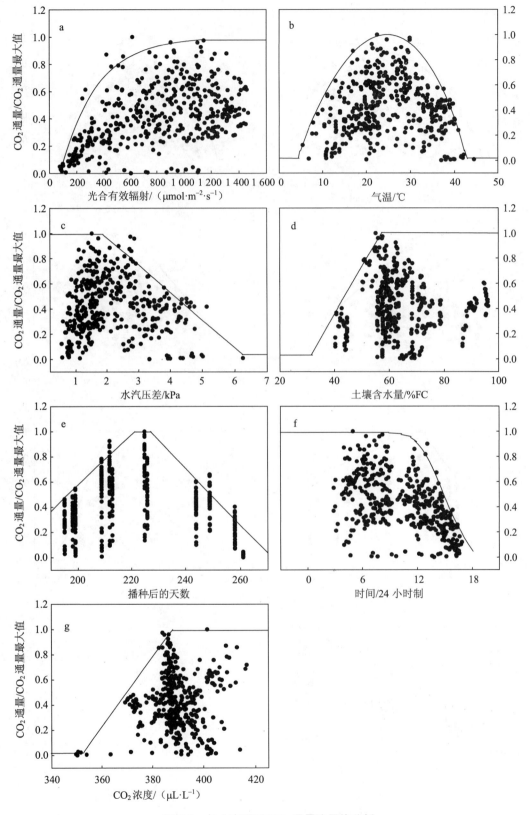

图 7-5　冬小麦冠层 CO_2 通量边界线分析

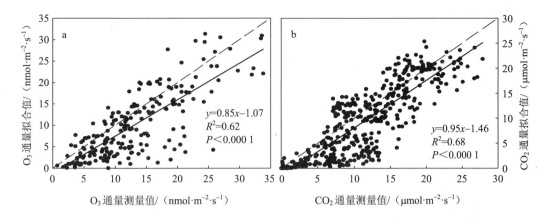

图 7-6　冬小麦冠层通量回归分析

7.3　水稻气孔 O₃ 通量

利用 CIRAS-1 便携式光合作用系统（PP systems，Hertfordshire，U.K.）测定水稻剑叶和冬小麦旗叶气孔导度。测量时采用透明叶室，不控制叶室内光强和 CO_2 浓度。实际测量从剑/旗叶完全展开开始，每个星期测量一次，每次测量时间为 7:00—18:00。测量时每个 O₃ 处理选取 2 个平行样，每个重复内测量 2～3 片叶片。每个小时完成一次所有处理的气孔导度测量，共测量 20～30 片叶片。

开顶箱内外气象参数（光强、温度、湿度、土壤含水量）分别由 Watchdog 气象站（900ET，Spectrum Technologies，Inc.）和 HOBO 气象站（H21-001，Onset Computer Corporation）进行连续监测。

7.3.1　气孔导度模型

根据 503 个水稻剑叶实测气孔导度数据进行模型拟合（图 7-7 和表 7-1），其中最大气孔导度为 1 080 mmolH₂O·m⁻²PLA·s⁻¹，最小气孔导度约为最大气孔导度的 10%；因此 f_{min} 取值为 0.1。

水稻剑叶气孔导度对光强（PAR）的响应具有明显的饱和趋势（图 7-7a）。弱光下气孔导度较低，但气孔导度变化速率较高，随着光强的增加气孔导度迅速上升，并在光强约为 500μmol·m⁻²·s⁻¹ 时达到最大。随着光强的继续增加，气孔导度基本维持在最大水平。

气孔导度随温度（T）的变化呈典型的单峰型曲线模式（图 7-7b）。水稻气孔开放的最适温度约为 33.1℃，气孔活动的生理温度范围为 23.5～43.5℃（表 7-1），在这个温度区间之外，水稻气孔几乎完全关闭。

水汽压（VPD）较低时（图 7-7c），气孔导度下降较为缓慢，当 VPD 超过约 1.3 kPa 时，气孔导度迅速下降，当 VPD 高于 4 kPa 时，气孔趋于关闭。

随着有效积温（≥0℃）的增加，水稻气孔导度表现出了明显的衰老效应（图 7-7d），尤其当有效积温超过约 500℃·d 时，气孔导度迅速下降。

O$_3$ 暴露剂量（AOT0）较低时（图 7-7e），O$_3$ 对水稻气孔导度没有明显影响，气孔完全开放。O$_3$ 限制作用随 O$_3$ 暴露剂量的增加而增加。当 AOT0（O$_3$ 浓度暴露值）大于约 5 μL·L^{-1}·h 时，气孔导度迅速下降，AOT0 大于约 16 μL·L^{-1}·h 时，气孔趋于关闭。

模型检验的结果表明（图 7-8），Jarvis 模型高估了低值区域的水稻气孔导度，但低估了中高值区域的水稻气孔导度。线性回归的相关系数（R^2）为 0.61，斜率为 0.8，截距为 61.8，该截距约为最大气孔导度的 6%。

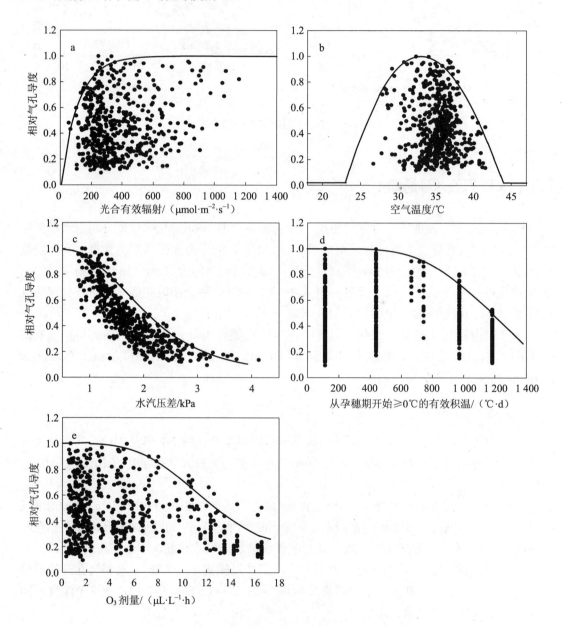

图 7-7　环境因子对气孔导度限制作用的边界线分析

表 7-1   气孔导度模型限制函数及其参数值

限制函数	函数公式	参数	参数值	单位
g_{max}	—	—	1 080	mmol H$_2$O m^{-2}·PLA·s^{-1}
f_{min}	—	—	0.1	—
f_{PAR}	$1-\exp^{-aPAR}$	a	0.009	—
f_{temp}	$T'_{min}<T<T'_{max}$ 时, $(T-T_{min})/(T_{opt}-T_{min})[(T_{max}-T)/(T_{max}-T_{opt})]^b$; $b=(T_{max}-T_{opt})/(T_{opt}-T_{min})$ $T\geqslant T'_{max}$ 或 $T\leqslant T'_{min}$ 时, f_{min}	b	1.1	—
		T_{min}	23.0	℃
		T_{max}	44.3	℃
		T_{opt}	33.1	℃
		T'_{min}	23.5	℃
		T'_{max}	43.5	℃
f_{VPD}	$1/[1+(VPD/c)^d]$	c	2.0	—
		d	3.3	—
f_{phen}	$1/[1+(phen/e)^f]$	e	1 190.3	—
		f	4.8	—
f_{O_3}	$1/[1+(AOT0/g)^h]$	g	12.8	—
		h	3.7	—

注: g_{max}: 最大气孔导度; f_{min}: 最小相对气孔导度; f_{PAR}: 气孔导度光强限制函数; f_{temp}: 气孔导度温度限制函数; f_{VPD}: 气孔导度水汽压差限制函数; f_{phen}: 气孔导度物候期限制函数; f_{O_3}: 气孔导度 O₃ 限制函数; T_{min}: 气孔活动的数学最小温度; T_{max}: 气孔活动的数学最大温度; T_{opt}: 气孔活动的最适温度; T'_{min}: 气孔活动的生理最小温度; T'_{max}: 气孔活动的生理最大温度; a, b, c, d, e, f, g, h: 函数常数。

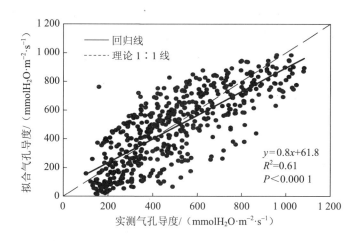

图 7-8   气孔导度实际观测值和模型拟合值的线性回归分析

7.3.2   O₃ 风险评价指标

从水稻孕穗到成熟期间,AOT40 和 SUM06 具有相似的变化趋势(图 7-9),随着水稻的发育,两指标的增长均存在明显的波动。前期两指标增长缓慢,受连续降雨的影响,6 月 9—15 日和 6 月 22 日—7 月 1 日两段时期内,AOT40 和 SUM06 没有明显的增长,仅在实验后期出现了较为连续的增加。不同处理间的累积 O₃ 暴露量差异明显,且均随着处理浓度的增加而增加。CK 处理下的两个 O₃ 暴露值最低,整个实验期内均维持在 0.5 μL·L⁻¹·h

以下，CK+120 处理下的两个 O_3 暴露值最高，实验末期该处理下两指标分别为 9.5 $\mu L \cdot L^{-1} \cdot h$ 和 14.7 $\mu L \cdot L^{-1} \cdot h$。

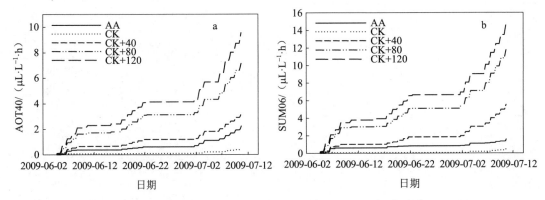

图 7-9　水稻生育期内（a）AOT40 和（b）SUM06 的变化

（O_3 暴露量统计时间：2009 年 6 月 4 日—7 月 10 日）

注：AA：自然大气处理；CK：箱内大气处理；40：箱内大气加 40 $nL \cdot L^{-1}$ O_3 处理；80：箱内大气加 80 $nL \cdot L^{-1}$ O_3 处理；120：箱内大气加 120 $nL \cdot L^{-1}$ O_3 处理。

实验期间，气孔 O_3 吸收通量（$AF_{st}0$）的变化趋势与 O_3 暴露指标相似，受阴雨天气影响，同样表现为波动性增长（图 7-10），但各处理间 $AF_{st}0$ 的差异与 O_3 暴露指标有所不同。低浓度 O_3 处理（AA，CK 和 CK+40）间的 $AF_{st}0$ 无明显差异。虽然 CK 处理下的 O_3 暴露量（AOT40 和 SUM06）明显低于另外两种处理（AA 和 CK+40），但实验末期 CK 处理下的 $AF_{st}0$ 却略高于 AA 和 CK+40。CK+80 和 CK+120 间也出现了类似的 O_3 吸收量与 O_3 暴露量变化趋势不一致的现象。

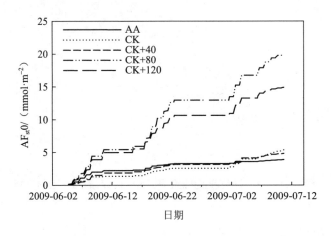

图 7-10　水稻生育期内 $AF_{st}0$ 的变化

注：$AF_{st}0$：每小时平均气孔 O_3 吸收速率高于 0 $nmol \cdot m^{-2} \cdot s^{-1}$ 时的累积 O_3 吸收通量。

7.3.3　剂量响应关系分析

气孔吸收速率临界值（X）等于 2 $nmol \cdot m^{-2} \cdot s^{-1}$ 时，O_3 吸收通量（$AF_{st}2$）与水稻相对

产量具有最高的相关关系（$R^2=0.63$）（图 7-11），但不同临界值（$X \leqslant 6$）间的线性回归 R^2 值相差较小。

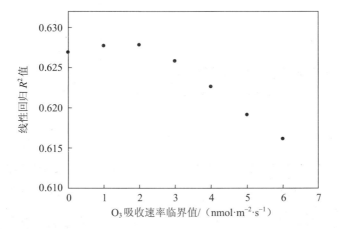

图 7-11　相对产量与 $AF_{st}X$ 回归分析相关系数（R^2）与 AF_{st} 临界值（X）的关系

随着各 O₃ 评价指标的增加，水稻产量均呈现显著的线性下降趋势（$P<0.01$）（图 7-12）。O₃暴露指标 AOT40 和 SUM06 的剂量响应关系相关系数值（R^2）分别为 0.49 和 0.51，明显低于 O₃ 通量指标的剂量响应关系相关系数 R^2 值（0.63）（图 7-12）。

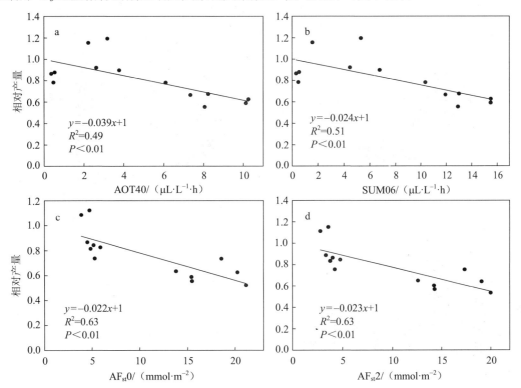

图 7-12　水稻相对产量与（a）AOT40，（b）SUM06，（c）$AF_{st}0$，（d）$AF_{st}2$ 的关系

（O₃暴露量统计时间：2009 年 6 月 4 日—7 月 10 日）

7.4　冬小麦气孔 O_3 通量

7.4.1　气孔导度模型

根据 1 471 个冬小麦旗叶气孔导度数据进行模型拟合（图 7-13 和表 7-2）。本研究中最大实测气孔导度（g_{max}）为 863 mmolH$_2$O·m^{-2}PLA·s^{-1}。最小气孔导度约为最大气孔导度的 2%（f_{min}=0.02）。

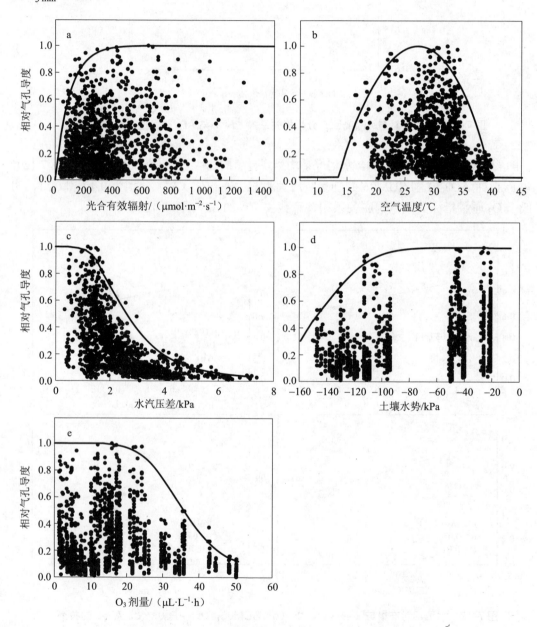

图 7-13　环境因子对气孔导度限制作用的边界线分析

表 7-2　气孔导度模型限制函数及其参数值

限制函数	函数公式	参数	参数值	单位
g_{max}	—	—	863	mmol $H_2O \cdot m^{-2} \cdot s^{-1}$
f_{min}	—	—	0.02	—
f_{PAR}	$1-\exp^{-aPAR}$	a	0.01	—
f_{temp}	$T'_{min} < T < T'_{max}$ 时， $(T-T_{min})/(T_{opt}-T_{min})[(T_{max}-T)/(T_{max}-T_{opt})]^b$； $b=(T_{max}-T_{opt})/(T_{opt}-T_{min})$ $T \geqslant T'_{max}$ 或 $T \leqslant T'_{min}$ 时， f_{min}	b	0.9	—
		T_{min}	12.9	℃
		T_{max}	39.7	℃
		T_{opt}	27.2	℃
		T_{min}	13.0	℃
		T_{max}	39.6	℃
f_{VPD}	$1/[1+(VPD/c)^d]$	c	2.6	—
		d	3.4	—
f_{SWP}	$1/[1+(-SWP/e)^f]$	e	146.6	—
		f	7.6	—
f_{O_3}	$1/[1+(AOT0/g)^h]$	g	35.7	—
		h	5.9	—

注：各符号说明同表 7-1。

冬小麦气孔导度具有典型的饱和光响应变化趋势（图 7-13a）。弱光下气孔导度较低，随着光强的增加气孔导度迅速上升。光合有效辐射（PAR）约为 400 $\mu mol \cdot m^{-2} \cdot s^{-1}$ 时气孔导度达到最大。

气孔导度的温度（T）响应过程为典型的单峰型曲线模式（图 7-13b）。冬小麦气孔运动的生理最低和最高温度分别为 13.0℃ 和 39.6℃（表 7-2）。气孔导度在 27℃ 时达到最大，温度较高或较低时气孔导度均明显下降。

水汽压差（VPD）较低时，冬小麦气孔完全开放（图 7-13c）。随着 VPD 的增加（>1.4 kPa 时），气孔导度迅速线性下降。当 VPD 高于 6 kPa 时，气孔趋于关闭。

土壤水势（SWP）较高时（图 7-13d），冬小麦气孔维持最大开度，气孔导度随 SWP 变化缓慢。当 SWP 小于−100 kPa 时，气孔导度迅速下降，气孔开放受到明显抑制。

O₃暴露剂量（AOT0）较低时（图 7-13e），O₃ 对冬小麦气孔导度没有明显影响，气孔完全开放。O₃ 限制作用随 O₃ 暴露剂量的增加而增加。当 AOT0 大于 20 $\mu L \cdot L^{-1} \cdot h$ 时，气孔导度迅速下降，AOT0 大于 50 $\mu L \cdot L^{-1} \cdot h$ 时，气孔趋于关闭。

气孔导度随物候期（phen）的变化并不规则，因而在本实验中 f_{phen} 仅被看做"开关"函数来反映冬小麦旗叶 O₃ 累积的开始与结束。以冬小麦开花中期为积温零点（0℃·d），当−270℃·d $\leqslant$ EAT $\leqslant$ 700℃·d 时，$f_{phen}=1$，当 EAT $<$−270℃·d 或 EAT $>$700℃·d 时，$f_{phen}=0$，EAT 为以 0℃ 为生物学下限温度的有效积温（℃·d）。

模型检验的结果表明（图 7-14），Jarvis 模型整体高估了冬小麦旗叶气孔导度，高估程度随实测气孔导度的增加而降低，该模型解释了气孔导度 60%变异性（R^2=0.60）。回归线显著偏离于"1∶1"线（$P<0.001$），斜率为 0.9，截距为 125.1，该截距约为最大气孔导度的 14%。

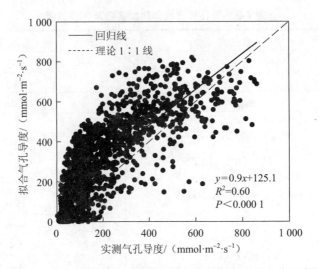

图 7-14　气孔导度实际观测值和模型拟合值的线性回归分析

7.4.2　O₃ 风险评价指标

冬小麦生育期内，累积 O₃ 暴露指数（AOT40 和 SUM06）稳定增长，不同处理间的 AOT40 和 SUM06 差异明显（图 7-15），且差异随着时间的增加而增加。与 O₃ 暴露指数相比，冬小麦生育期内累积 O₃ 吸收通量（AF$_{st}$0）的变化趋势并不规则（图 7-16）。不同处理间 AF$_{st}$0 的差异在冬小麦发育中期较大，明显高于其他时期处理间的差异。

冬小麦生育期内，虽然 CK+40 处理下的累积 O₃ 暴露指数（AOT40 和 SUM06）明显高于外界大气处理（AA），但两种处理下的累积 O₃ 吸收通量（AF$_{st}$0）差异很小，且 AA 和 CK+40 两处理下的累积 O₃ 吸收通量明显大于 CK 处理（图 7-15 和图 7-16）。

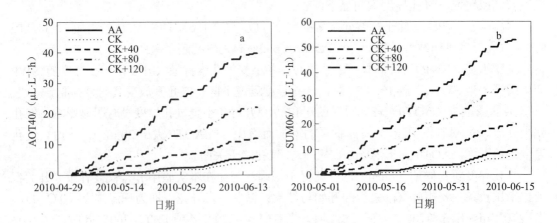

图 7-15　冬小麦生育期内（a）AOT40 和（b）SUM06 的变化

（O₃ 暴露量统计时间：2010 年 5 月 2 日—6 月 16 日）

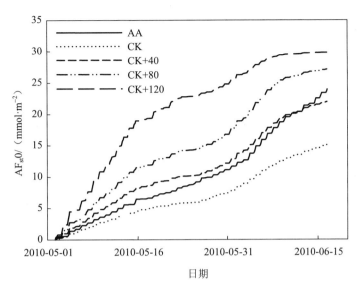

图 7-16　冬小麦生育期内 AF$_{st}$0 的变化

7.4.3　剂量响应关系分析

各 O₃ 风险评价指标与冬小麦产量均具有显著的线性关系（$P<0.001$）。气孔吸收速率临界值（X）等于 4 nmol·m^{-2}·s^{-1} 时，累积 O₃ 吸收通量（AF$_{st}$4）与冬小麦相对产量的相关性最高（$R^2=0.76$）（图 7-17），该数值介于 AOT40（$R^2=0.74$）和 SUM06（$R^2=0.81$）两暴露指标的剂量反应相关系数之间（图 7-18）。

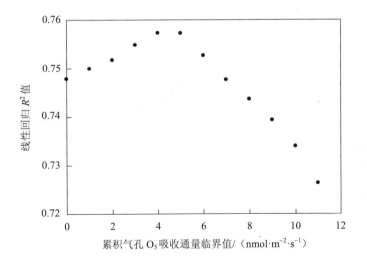

图 7-17　相对产量与 AF$_{st}X$ 回归分析相关系数（R^2）与 AF$_{st}$ 临界值（X）的关系

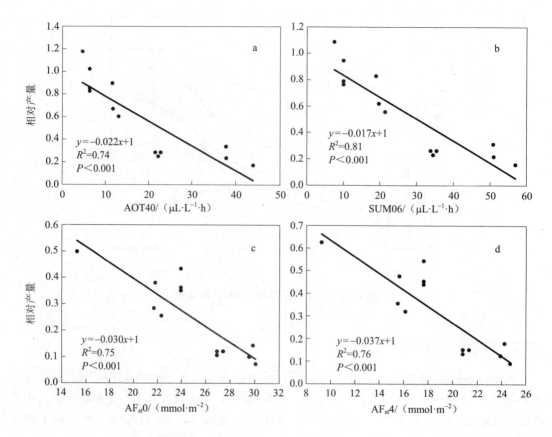

图 7-18　冬小麦相对产量与（a）AOT40，（b）SUM06，（c）$AF_{st}0$，（d）$AF_{st}4$ 的关系

（O_3 暴露量统计时间：2010 年 5 月 2 日—6 月 16 日）

7.5　小结

　　① 两种作物冠层通量对环境因子的响应模式与气孔导度对环境因子的响应模式相似，表明各环境因子对叶片和冠层的活动具有相似的限制机制。与 Jarvis 气孔导度模型相比，本研究提出的冠层通量拟合模型并未详细反映气孔和非气孔成分对环境因子响应的生理过程，但模型拟合结果相对较好，表明本模型可以用于作物冠层尺度的通量预测。

　　② 欧洲学者广泛使用的 Jarvis 气孔导度模型可以用于我国南方水稻和北方冬小麦气孔导度和气孔 O_3 通量的预测，但模型中的限制函数参数以及 O_3 吸收速率临界值与欧洲实验结果有所不同，需结合具体实验数据进行调整，以实现对我国作物产量损失的合理评估。

　　③ 与 O_3 浓度指标（AOT40 和 SUM06）相比，基于气孔通量的 O_3 风险评价指标（$AF_{st}X$）能够更好地解释 O_3 对水稻产量的影响，可以用于对水稻减产的定量分析。但在冬小麦实验中，O_3 通量指标（$AF_{st}X$）与 O_3 浓度指标（AOT40 和 SUM06）风险评价能力没有明显差异，这与预期的实验结果不同，其原因可能为：冬小麦实验中气孔导度数据的不足降低了模型参数的拟合精度，进而限制了基于模型的 O_3 通量指标对冬小麦产量损失的评价能力。

④ 基于 O_3 通量的风险评价方法充分考虑了环境因子对植物体 O_3 吸收的调节，从理论上弥补了传统评价方法的不足，但该方法对模型参数拟合的准确性要求较高。因此，需根据边界线分析方法的要求，合理建立气孔导度和环境因子的数据样本，准确进行模型参数化，这对提高通量模型的风险评价能力具有重要意义。

参考文献

[1] Campbell G S，Norman J M. An Introduction to Environmental Biophysics. 2ⁿᵈ ed. Springer，Berlin，Heidelberg，New York，1998：286.

[2] Emberson L D，Ashmore M R，Cambridge H M，et al. Modelling stomatal ozone flux across Europe. Environmental Pollution，2000，109（3）：403-413.

[3] Emberson L D，Wieser G，Ashmore M R. Modelling stomatal conductance and ozone flux of Norway spruce：comparison with field data. Environmental Pollution，2000，109（3）：393-402.

[4] Fuhrer J，Skarby L，Ashmore M. Critical levels for ozone effects on vegetation in Europe. Environmental Pollution，1997，97（1-2）：91-106.

[5] Jarvis P G. The interpretation of the variations in leaf water potential and stomatal conductance found in canopies in the field. Philosophical Transactions of the Royal Society B：Biological Sciences，1976，273（927）：593-610.

[6] Jiang D A，Xu Y F. Diurnal changes of photosynthetic rate，stomatal conductance and Rubisco in rice leaf. Acta Phytophysiologica Sinica，1996，22（1）：94-100.

[7] Jiang G M，Hao N B，Bal K Z，et al. Chain correlation between variables of gas exchange and yield potential in different winter wheat cultivars. Photosynthetica，2000，38（2）：227-232.

[8] Karlsson P E，Medin E L，Ottosson S，et al. A cumulative ozone uptake-response relationship for the growth of Norway spruce saplings. Environmental Pollution，2 004 a，128（3）：405-417.

[9] Kull O，Moldau H. Absorption of ozone on Betula pendula roth leaf surface.Water Air Soil Pollution，1994，75（1-2），79-86.

[10] Laisk A，Kull O，Moldau H. Ozone concentration in leaf intercellular air spaces is close to zero. Plant Physiology，1989，90（3）：1163-1167.

[11] Mills G，Buse A，Gimeno B，et al. A synthesis of AOT40-based response functions and critical levels of ozone for agricultural and horticultural crops. Atmospheric Environment，2007，41（12）：2630-2643.

[12] Pleijel H，Danielsson H，Emberson L D，et al. Ozone risk assessment for agricultural crops in Europe：Further development of stomatal flux and flux-response relationships for European wheat and potato. Atmospheric Environment，2007，41（14）：3022-3040.

[13] Pleijel H，Danielsson H，Vandermeiren K，et al. Stomatal conductance and ozone exposure in relation to potato tuber yield-results from the European CHIP programme. European Journal of Agronomy. 2002，17（4）：303-317.

[14] Reiling K，Davison A W. Effects of ozone on stomatal conductance and Photosynthesis in populations of Plantago majoi L. New Phytologist，1995，129（4）：587-594.

[15] Schnug E，Heym J，Achwan F. Establishing critical values for soil and plant analysis by means of the

boundary line development system（Bolides）. Communications in Soil Science and Plant Analysis，1996，27（13-14）：2739-2748.

[16] UN-ECE. Revised Manual on Methodologies and Criteria for Mapping Critical Levels/Loads and Geographical Areas Where They are Exceeded//Mapping Critical Levels for Vegetation. UNECE Convention on Long-Range Transboundary Air Pollution，Umweltbundesamt，Berlin，Germany，2004.

[17] Unsworth M H，Heagle A S，Heck W W. Gas exchange in open-top field chambers. I. Measurement and analysis of atmospheric resistances to gas exchange. Atmospheric Environment，1984，18（2）：373-380.

[18] US Environmental Protection Agency，Office of Air Quality Planning and Standards，Research Triangle Park，Air quality criteria for ozone and related photochemical oxidants. Vol. II. NC. US EPA Report No. EPA 600/P-93/004 bF. Washington DC，1996.

[19] Wang D，Hinckley M，Cumming A B，et al. A comparison of measured and modeled ozone uptake into plant leaves. Environmental Pollution，1995，89（3）：247-254.

[20] Webb R A. Use of the Boundary Line in the analysis of biological data. Journal of Horticultural Science & Biotechnology，1972，47：309-319.

[21] Weber J A，Scottclark C，Hogsett W E. Analysis of the relationships among O_3 uptake，conductance，and Photosynthesis in needles of Pinus ponderosa. Tree Physiology，1993，13（2）：157-172.

[22] Willekens H，Chamnongpol S，Davey M，et al. Catalase is a sink for H_2O_2 and is indispensable for stress defence in C3 plants. The EMBO Journal，1997，16（16）：4806-4816.

[23] Yu Q，Zhang Y Q，Liu Y F，et al. Simulation of the stomatal conductance of winter wheat in response to light，temperature and CO_2 changes. Annals of Botany，2004，93（4）：435-441.

[24] Zhang J，Kirkham M. Drought-stress-induced changes in activities of superoxide dismutase，catalase，and peroxidase in wheat species. Plant and Cell Physiology，1994，35（5）：785.

[25] 张巍巍，郑飞翔，王效科，等. 大气臭氧浓度升高对水稻叶片膜脂过氧化及保护酶活性的影响. 应用生态学报，2008，19（11）：2485-2489.

[26] 张巍巍. 臭氧浓度升高对银杏与油松活性氧及抗氧化系统的影响. 沈阳：沈阳农业大学，2007.

第8章　抗氧化剂效果的实验研究

在不断研究作物生长与 O_3 暴露关系的同时，各国学者也在寻找各种措施来减轻 O_3 对作物的伤害，如改善作物营养状况、选育 O_3 抗性品种和喷施外源保护试剂等。其中，外源抗氧化试剂是缓解 O_3 胁迫的有效方法之一，该方法有助于了解环境 O_3 的污染程度以及相应的农业风险。在不同的抗氧化试剂中，多胺（polyamines，PAs）和 N-[2-（2-氧-1-咪唑烷基）乙基]-N′-苯基脲（ethylenediurea，EDU）是近年来各国学者研究和应用较多的两种物质。

多胺（polyamines，PAs）是生物体代谢过程中产生的一类具有强烈生理活性的低分子量脂肪族含氮碱，植物中多胺常常以阳离子形式存在，能够参与蛋白质磷酸化、转录后修饰，影响植物体内 DNA、RNA 和蛋白质生物合成，调整酶活性，保持离子平衡，作为激素媒介，加速细胞分化等，从而调节植物体的生长发育和提高植物的抗逆性。亚精胺（Spd）是由 Put（腐胺）和腺苷甲硫氨酸生物合成的，对植物的抗胁迫能力更为明显。

EDU 是近年来 O_3 胁迫研究中应用最多也是最为成功的一种物质，因其对 O_3 的专一抗性而被广泛用于环境 O_3 的风险评价中。已有研究发现，合理施用 EDU 溶液可以显著缓解 O_3 对植物体的可见伤害，改善植物体的生理功能和生长状况，但目前各国学者对 EDU 的作用机理尚不十分清楚。因此，建立 EDU 溶液浓度与作物产量的关系对 EDU 的有效应用具有重要指导意义。

本章研究 O_3 胁迫下外源喷施 EDU 和 Spd 对水稻和冬小麦生长发育、产量和生理指标变化的影响，为 O_3 污染防治和提高粮食产量提供科学依据。

8.1　EDU 对水稻和冬小麦保护效果研究

8.1.1　实验方法

（1）大田实验设计

实验采用随机区组设计，在田间随机设置 3 个 6 m × 6 m 的样方，每个样方作为一个区组。样方内设置 4 个边长 2 m × 2 m 的小区，每个小区随机喷施一种浓度的 EDU 溶液。实验共设置 4 种 EDU 溶液浓度，分别为 0 mg·L^{-1}、150 mg·L^{-1}、300 mg·L^{-1} 和 450 mg·L^{-1}。从作物返青期结束开始，每星期喷施一次 EDU 溶液。水稻从 2009 年 4 月 18 日开始喷施，至 2009 年 7 月 8 日结束。冬小麦从 2010 年 4 月 5 日开始喷施，至 2010 年 6 月 12 日结束。

（2）指标测定

实验期间使用 O_3 分析仪（Model 49 i，Thermo Electron Co.，Franklin，MA）对环境大气 O_3 浓度进行监测，每小时记录一个浓度值。利用 Model 49 i-PS 标定仪（Thermo Electron

Co.，Franklin，MA）每个月对 O_3 分析仪进行一次标定。

实验期间共采样三次，每个小区采集作物 3~5 簇。水稻采样日期分别为 2009 年 5 月 15 日、6 月 13 日和 7 月 17 日，冬小麦采样日期分别为 2010 年 4 月 20 日、5 月 21 日和 6 月 20 日。所采样品经 80℃ 恒温烘干后进行称量。前两次采样只测量作物地上生物量，最后一次采样在作物收获期进行，除地上生物量外，还对地上各器官生物量、单株粒数、单株粒重、千粒重、结实率和收获指数等指标进行了测量。

（3）统计分析

不同处理间的生物量和收获指标使用双因素方差分析方法进行比较。所有统计分析均使用 SPSS 统计软件（SPSS Inc.，Chicago，Illinois，USA）进行。

8.1.2　EDU 喷洒对水稻生理指标的影响

8.1.2.1　环境大气 O_3 浓度

实验期间，水稻生长环境中的累积 O_3 暴露量（AOT40）约为 8.0 $\mu L \cdot L^{-1} \cdot h$。大气 O_3 浓度频繁超过 40 $nL \cdot L^{-1}$ 的发生率为 44%（图 8-1），其中每天持续 5 小时以上的超标事件发生率为 28%；大于 60 $nL \cdot L^{-1}$ 的 O_3 浓度发生频率相对较低，约为 26%，其中每天持续 5 小时以上的超标事件发生率为 10%。实验期间，环境 O_3 污染强度随观测时期的变化而变化，前期和末期 O_3 污染程度较高，实验中期明显较弱。

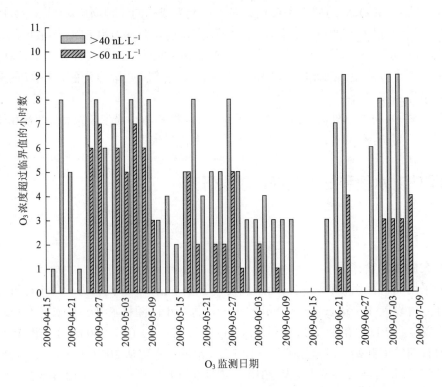

图 8-1　水稻实验期内大气 O_3 浓度大于等于 40 和 60 $nL \cdot L^{-1}$ 的小时数

8.1.2.2 地上生物量

EDU 处理 28 天后，150 mg·L^{-1} 和 300 mg·L^{-1} 处理下的水稻地上生物量略高于对照，而 450 mg·L^{-1} 处理下的水稻地上生物量低于对照（图 8-2）。处理 57 天后，三种 EDU 处理下的水稻地上生物量均高于对照，其中 300 mg·L^{-1} 处理下地上生物量升高幅度最大。水稻收获时（2009 年 7 月 17 日），EDU 处理下水稻地上生物量明显低于对照，降低程度随 EDU 溶液浓度的增加而增加。

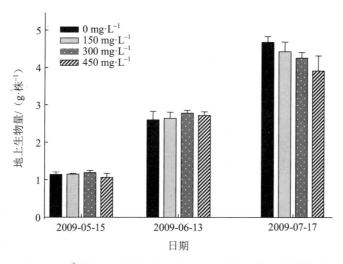

图 8-2 环境 O$_3$ 浓度下 EDU 处理对水稻地上生物量的影响

8.1.2.3 地上器官生物量

水稻收获时，EDU 处理下的水稻茎、叶、穗生物量均低于对照（图 8-3）。穗生物量的下降程度随 EDU 处理浓度的增加而增加，其中 450 mg·L^{-1} EDU 处理和对照的稻穗生物量差异达到了显著水平（$P<0.05$）。

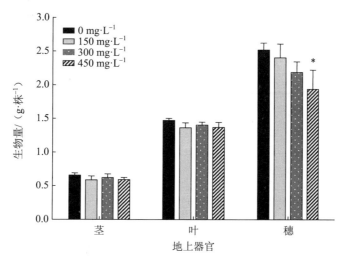

图 8-3 环境 O$_3$ 浓度下 EDU 处理对收获期水稻地上各器官生物量的影响

8.1.2.4 收获指标

水稻产量随着 EDU 溶液浓度的增加而降低（图 8-4）。与对照相比，150 mg·L^{-1}、300 mg·L^{-1} 和 450 mg·L^{-1} 三种 EDU 处理下，水稻产量的下降比率分别为 1.0%、8.2% 和 10.1%，但处理间的差异并不显著（$P>0.05$）。不同 EDU 处理下水稻单株粒数的变化趋势与水稻产量相似（图 8-5），300 mg·L^{-1} 和 450 mg·L^{-1} 两种处理下，水稻单株粒数减少的最多，减少比率均为 9.8%。EDU 处理下水稻千粒重和结实率的变化趋势并不规则（图 8-6 和图 8-7），其中 150 mg·L^{-1} EDU 处理下两指标有所增长，而 450 mg·L^{-1} EDU 处理下两指标出现了下降。与对照相比，150 mg·L^{-1} EDU 处理下水稻收获指数没有明显变化（图 8-8），300 mg·L^{-1} 和 450 mg·L^{-1} 两种 EDU 处理下水稻收获指数明显较低，且下降程度随处理浓度的增加而增加。

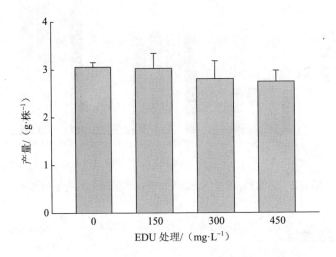

图 8-4 环境 O$_3$ 浓度下 EDU 处理对水稻产量的影响

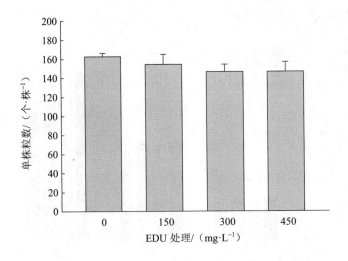

图 8-5 环境 O$_3$ 浓度下 EDU 处理对水稻单株粒数的影响

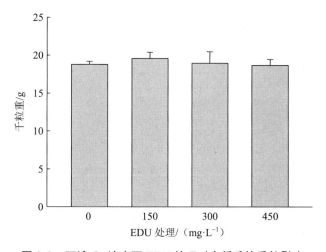

图 8-6　环境 O_3 浓度下 EDU 处理对水稻千粒重的影响

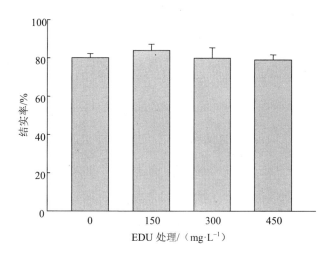

图 8-7　环境 O_3 浓度下 EDU 处理对水稻结实率的影响

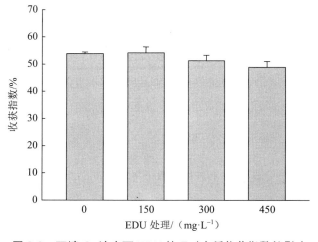

图 8-8　环境 O_3 浓度下 EDU 处理对水稻收获指数的影响

8.1.3 EDU 喷洒对冬小麦生理指标的影响

8.1.3.1 环境大气 O_3 浓度

实验期间，冬小麦生长环境中的累积 O_3 暴露量（AOT40）为 8.5 $\mu L \cdot L^{-1} \cdot h$。大气 O_3 浓度频繁超过 40 $nL \cdot L^{-1}$（图 8-9），发生率为 66%，其中每天持续 5 小时以上的超标事件发生率为 52%；大于 60 $nL \cdot L^{-1}$ 的 O_3 浓度发生频率相对较低，约为 31%，其中每天持续 5 小时以上的超标事件发生率为 21%。实验期间，O_3 污染强度均随观测时期的变化而变化，高强度 O_3 污染事件主要发生在实验中后期。

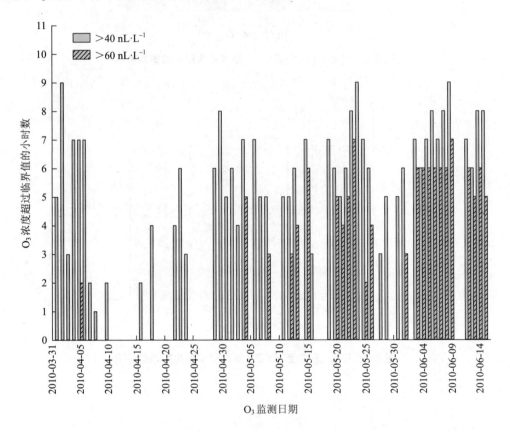

图 8-9　冬小麦实验期内大气 O_3 浓度大于等于 40 和 60 $nL \cdot L^{-1}$ 的小时数

8.1.3.2 地上生物量

EDU 处理 16 天后，不同 EDU 处理下的冬小麦地上生物量均略低于对照（图 8-10）。处理 47 天后，150 $mg \cdot L^{-1}$ EDU 处理下冬小麦地上生物量高于对照，300 $mg \cdot L^{-1}$ EDU 处理下冬小麦地上生物量低于其他各处理。冬小麦收获时（2010 年 6 月 20 日），EDU 处理下植株地上部分的生长没有明显改善，与实验中期结果相似，300 $mg \cdot L^{-1}$ EDU 处理下冬小麦地上生物量明显低于其他处理，且与对照的差异达到了显著水平（$P < 0.05$）。

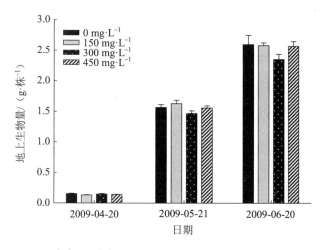

图 8-10　环境 O_3 浓度下 EDU 处理对冬小麦地上生物量的影响

8.1.3.3　收获期各地上器官生物量

冬小麦收获时，EDU 处理下冬小麦茎、叶生物量均低于对照（图 8-11），且最低值均出现在 300 mg·L^{-1} 处理下。EDU 处理下麦穗生物量的变化趋势并不明显，其中 150 mg·L^{-1} 和 450 mg·L^{-1} EDU 处理下麦穗生物量略高于对照，而 300 mg·L^{-1} EDU 处理下麦穗生物量显著低于对照（$P < 0.05$）。

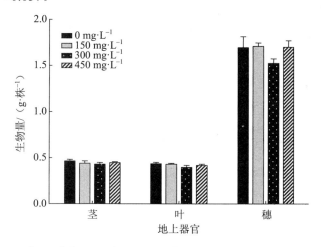

图 8-11　环境 O_3 浓度下 EDU 处理对收获期冬小麦地上各器官生物量的影响

8.1.3.4　收获指标

不同处理下冬小麦各收获指标的变化没有明显规律。与对照相比，150 mg·L^{-1} 和 450 mg·L^{-1} EDU 处理下冬小麦产量略有增加（图 8-12），增加率分别为 1.8% 和 6.2%，而 300 mg·L^{-1} EDU 处理下冬小麦产量有所下降，下降率为 2.9%。EDU 处理对冬小麦单株粒数影响很小，150 mg·L^{-1} 和 300 mg·L^{-1} EDU 处理下冬小麦单株粒数出现了略微的下降，而 450 mg·L^{-1} EDU 处理下该指标有所增加（图 8-13）。冬小麦千粒重和结实率对 EDU 处理的响应与冬小麦产量相似（图 8-14 和图 8-15），两指标都只在 300 mg·L^{-1} EDU 处理下出现了略微的下降。与对照相比，不同 EDU 处理下冬小麦收获指数均出现了不同程度的增加，其中在 300 mg·L^{-1} EDU 处理下该指标的增加程度最大（图 8-16）。

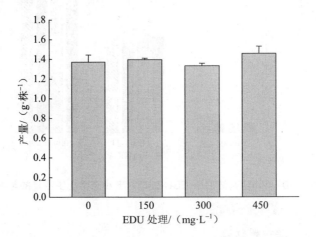

图 8-12　环境 O$_3$ 浓度下 EDU 处理对冬小麦产量的影响

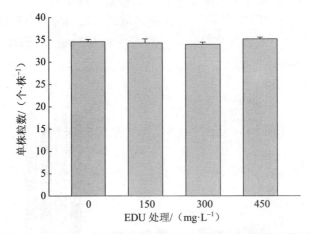

图 8-13　环境 O$_3$ 浓度下 EDU 处理对冬小麦单株粒数的影响

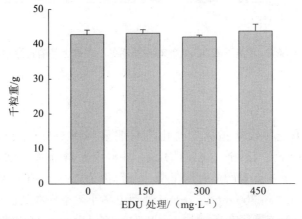

图 8-14　环境 O$_3$ 浓度下 EDU 处理对冬小麦千粒重的影响

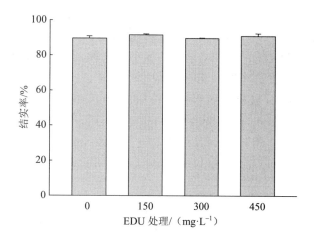

图 8-15　环境 O_3 浓度下 EDU 处理对冬小麦结实率的影响

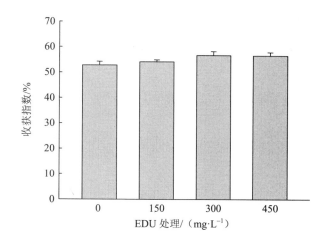

图 8-16　环境 O_3 浓度下 EDU 处理对冬小麦收获指数的影响

8.2　亚精胺对水稻和冬小麦保护效果研究

8.2.1　实验方法

（1）水稻大田实验

选取大田闲置区域进行抗氧化剂亚精胺（Spd）实验，Spd 处理：喷施蒸馏水；0.25 mmol·L^{-1} Spd；0.50 mmol·L^{-1} Spd。每个处理有三个重复区，每个区面积 1 m^2。每个区喷施 500 mL，每周喷施一次，按生长期取样测定生理指标。

（2）冬小麦盆栽实验

实验用冬小麦品种为北农 9549（*Triticum aestivum* L. Beinong 9549），由北京农学院提供。所用塑料盆直径 20 cm，高 25 cm，土壤为实验地 20 cm 表层土，过筛后搅匀装盆，每盆装 1.5 kg。移栽冬小麦前在土壤中添加一定的肥料（0.428 g·kg^{-1} 尿素、0.323 g·kg^{-1} CaHPO$_4$ · 2H$_2$O、0.247 g·kg^{-1} K$_2$SO$_4$）。每盆移栽 10 株株高 10 cm、长势一致的冬小麦苗，待冬小麦苗存活后每盆保留 6 株。将培养的冬小麦苗移入气室中，进行 O$_3$ 熏蒸和喷施试剂处理，O$_3$ 浓度选取对照组（CK）和 120 浓度组。

冬小麦在熏蒸条件下，喷施不同的 Spd 和 EDU 处理：喷施蒸馏水；0.25 mmol·L^{-1} Spd；0.50 mmol·L^{-1} Spd；0.75 mmol·L^{-1} Spd；300 mg·L^{-1} EDU。每天 8:00 和 18:00 各喷施一次，采用叶面喷施和根施的方式进行，每盆每次喷施量为 50 mL，喷施 Spd 和 EDU 时间共 7 d。

8.2.2 亚精胺对水稻生理指标的影响

8.2.2.1 喷施亚精胺对大田水稻硝酸还原酶活性的影响

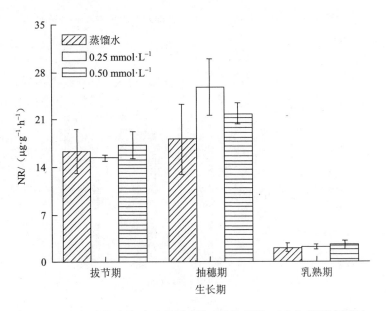

图 8-17　外源喷施亚精胺对水稻叶片硝酸还原酶（NR）活性的影响

由图 8-17 可以看出，外源喷施亚精胺条件下，大田水稻叶片硝酸还原酶活性并未呈现出一致的变化规律，除抽穗期喷施试剂比不喷施试剂略微增加（增加幅度分别为 42.17% 和 20.68%）外，其他两个时期各处理间并未呈现出明显差异。抽穗期硝酸还原酶活性最高，而乳熟期的硝酸还原酶活性是最低的，这也与作物的生长规律一致。

8.2.2.2 喷施亚精胺对大田水稻谷胱甘肽含量的影响

图 8-18 和图 8-19 是外源喷施亚精胺对大田水稻叶片 GSH 和 GSSG 含量影响。从图中可以看出，大田实验中外源喷施亚精胺并未对水稻叶片 GSH 和 GSSG 含量产生显著的影响。这也与硝酸还原酶指标的情况类似。

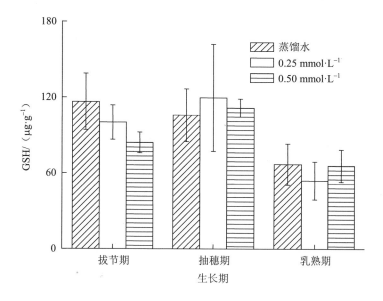

图 8-18　外源喷施亚精胺对水稻叶片 GSH 含量的影响

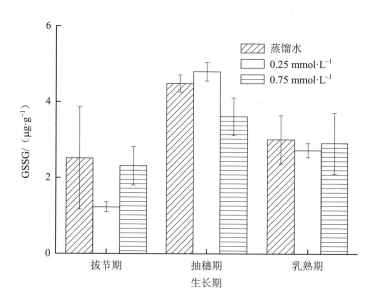

图 8-19　外源喷施亚精胺对水稻叶片 GSSG 含量的影响

8.2.3　亚精胺对冬小麦生理指标的影响

8.2.3.1　MDA 含量变化

MDA 是细胞膜脂过氧化的最终产物，含量高低可反映膜脂氧化水平。图 8-20 为 O_3 胁迫下外源喷施 Spd 和 EDU 对冬小麦叶片 MDA 含量的影响。

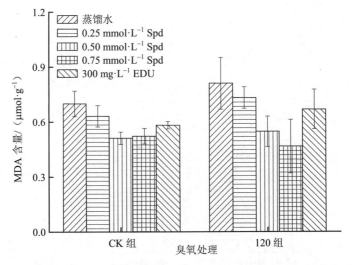

图 8-20 O_3 胁迫下外源喷施 Spd 和 EDU 对冬小麦叶片 MDA 含量的影响

从图 8-20 中可以看出，O_3 熏蒸会导致植物体内 MDA 含量的升高，以喷施蒸馏水为例，120 组 O_3 处理下要比对照组增加了 15.7%。从 MDA 含量变化可以看出，喷施试剂在一定程度上缓解了植物膜脂过氧化程度。在 120 组 O_3 熏蒸下，随着 Spd 浓度从 0.25 mmol·L^{-1} 提高到 0.75 mmol·L^{-1}，冬小麦叶片 MDA 含量比喷施蒸馏水降低 9.7%～42.5%，浓度为 300 mg·L^{-1} EDU 处理时 MDA 含量则降低 17.5%。根据数理统计检验，喷施 0.50 mmol·L^{-1} 和 0.75 mmol·L^{-1} Spd 可导致冬小麦叶片 MDA 含量降低与喷施蒸馏水处理相比达到了显著水平。

8.2.3.2 SOD、POD 和 CAT 活性

图 8-21、图 8-22 和图 8-23 分别为 O_3 胁迫下外源喷施 Spd 和 EDU 对冬小麦叶片 SOD、POD 和 CAT 活性的影响。

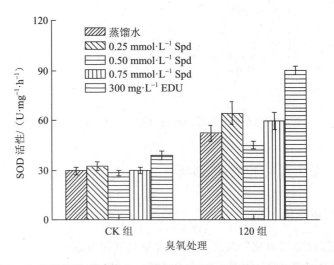

图 8-21 O_3 胁迫下外源喷施 Spd 和 EDU 对冬小麦叶片 SOD 活性的影响

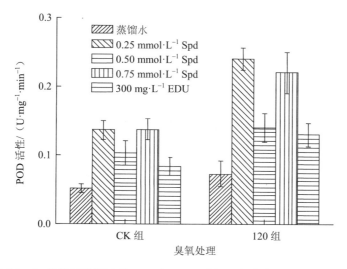

图 8-22　O_3 胁迫下外源喷施 Spd 和 EDU 对冬小麦叶片 POD 活性的影响

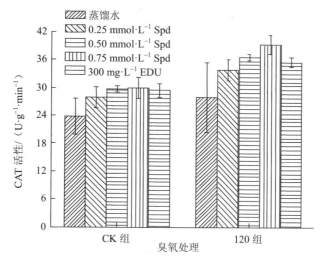

图 8-23　O_3 胁迫下外源喷施 Spd 和 EDU 对冬小麦叶片 CAT 活性的影响

由图 8-21 可以看出，O_3 熏蒸会导致植物体内 SOD 活性呈现一定程度的增加，这说明作物对 O_3 胁迫做出了调节适应，而喷施试剂条件下 SOD 活性增加趋势更加明显，特别是 EDU 处理，120 组 O_3 浓度下比对照组要高 75.8%。对照组，喷施试剂对作物 SOD 活性影响不明显，而 120 组 O_3 熏蒸下喷施浓度为 300 mg·L^{-1} EDU 可导致冬小麦叶片 SOD 活性比喷施蒸馏水提高 72.3%。喷施 Spd 除了浓度为 0.25 mmol·L^{-1} 时冬小麦叶片 SOD 活性比喷施蒸馏水显著提高外，0.50 mmol·L^{-1} 和 0.75 mmol·L^{-1} Spd 处理的叶片 SOD 活性与喷施蒸馏水相比均没有显著差异。

由图 8-22 和图 8-23 可以看出，外源喷施 Spd 和 EDU 均能提高冬小麦叶片 POD 和 CAT 活性。无论 O_3 浓度的高低，喷施试剂都在一定程度上提高了植物体内 POD 和 CAT 的活性，在 120 组 O_3 熏蒸浓度下这一作用更加明显。与喷施蒸馏水相比，当 Spd 的浓度为 0.25 mmol·L^{-1}、0.50 mmol·L^{-1} 和 0.75 mmol·L^{-1} 时，冬小麦叶片 POD 活性分别提高 226.7%、

90.0%和 200.0%，冬小麦叶片 CAT 活性分别提高 21.4%、31.4%和 40.6%。喷施浓度为 300 mg·L^{-1} EDU 可导致冬小麦叶片 POD 活性提高 76.8%，CAT 活性提高 27.4%。

8.2.3.3 可溶性蛋白含量

图 8-24 为 O$_3$ 胁迫下外源喷施 Spd 和 EDU 对冬小麦叶片可溶性蛋白含量的影响，由图中可以看出，喷施试剂会增加植物体内可溶性蛋白含量。在 120 组 O$_3$ 熏蒸浓度下，与喷施蒸馏水相比，喷施 0.25 mmol·L^{-1} Spd、0.50 mmol·L^{-1} Spd 和 300 mg·L^{-1} EDU 均可以显著提高冬小麦叶片可溶性蛋白含量，分别提高 24.0%、41.5%和 23.9%。

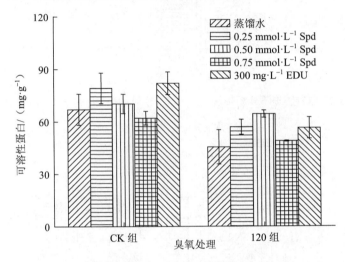

图 8-24　O$_3$ 胁迫下外源喷施 Spd 和 EDU 对冬小麦叶片可溶性蛋白含量的影响

8.2.3.4　AsA 含量和 APX 活性变化

图 8-25 为 O$_3$ 胁迫下外源喷施 Spd 和 EDU 对冬小麦叶片 AsA 含量的影响。

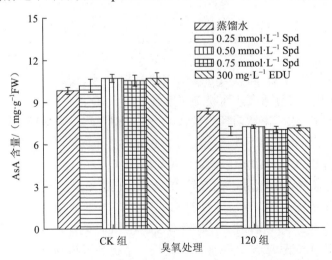

图 8-25　O$_3$ 胁迫下外源喷施 Spd 和 EDU 对冬小麦叶片 AsA 含量的影响

从图 8-25 中可以看出，对照组喷施试剂处理的冬小麦 AsA 含量均比喷施蒸馏水有所增加。120 组 O_3 熏蒸浓度下 AsA 含量均比对照组有所减少，并且喷施试剂条件下冬小麦叶片 AsA 含量减少得更加明显，与喷施蒸馏水相比当喷施 $0.25\ mmol·L^{-1}$ Spd、$0.50\ mmol·L^{-1}$ Spd、$0.75\ mmol·L^{-1}$ Spd 和 $300\ mg·L^{-1}$ EDU 时，冬小麦叶片 AsA 含量分别降低 16.9%、13.5%、16.1% 和 14.9%。

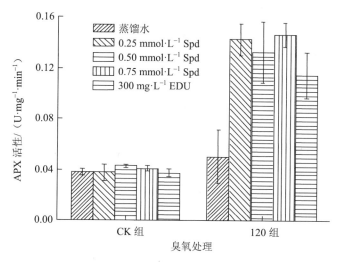

图 8-26　O_3 胁迫下外源喷施 Spd 和 EDU 对冬小麦叶片 APX 活性的影响

图 8-26 为 O_3 胁迫下外源喷施 Spd 和 EDU 对冬小麦叶片 APX 活性的影响。由图中可以看出，对照组喷施试剂对 APX 活性影响不明显，而 120 组 O_3 处理下喷施 Spd 和 EDU 均导致冬小麦叶片 APX 活性显著提高。与喷施蒸馏水相比，当喷施 Spd 的浓度为 $0.25\ mmol·L^{-1}$、$0.50\ mmol·L^{-1}$ 和 $0.75\ mmol·L^{-1}$ 时，冬小麦叶片 APX 活性分别提高 183.8%、164.2% 和 191.0%，喷施浓度为 $300\ mg·L^{-1}$ 的 EDU 时，冬小麦叶片 APX 活性提高 128.1%。

8.2.3.5　GSH 含量和 GR 活性变化

O_3 胁迫下外源喷施 Spd 和 EDU 对冬小麦叶片 GSH 含量的影响见图 8-27，图中所示，120 组 O_3 熏蒸浓度下，除了喷施 $0.50\ mmol·L^{-1}$ Spd 处理与喷施蒸馏水处理相比 GSH 含量变化不显著以外，$0.25\ mmol·L^{-1}$ Spd、$0.75\ mmol·L^{-1}$ Spd 和 $300\ mg·L^{-1}$ EDU 处理的 GSH 含量与喷施蒸馏水处理相比均达到显著差异水平，GSH 含量分别提高 17.1%、39.9% 和 25.6%。对照组也呈现相似的规律，并且对照组的 GSH 含量要低于 O_3 熏蒸组。

图 8-28 为 O_3 胁迫下外源喷施 Spd 和 EDU 对冬小麦叶片 GR 活性的影响，从图中可以看出，无论是对照组还是 O_3 熏蒸组，喷施试剂都在一定程度上提高了 GR 活性。以 O_3 熏蒸组为例，与喷施蒸馏水相比喷施浓度为 $0.25\ mmol·L^{-1}$ 和 $0.75\ mmol·L^{-1}$ 的 Spd 可分别导致冬小麦叶片 GR 活性分别提高 25.2% 和 43.7%。喷施 $0.50\ mmol·L^{-1}$ Spd 和 $300\ mg·L^{-1}$ EDU 也导致冬小麦叶片 GR 活性有所提高，但是它们之间的差异没有达到显著水平。

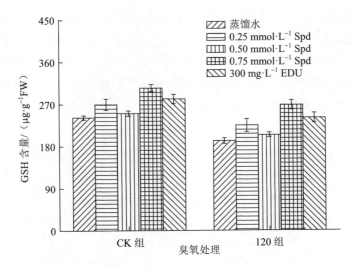

图 8-27　O_3 胁迫下外源喷施 Spd 和 EDU 对冬小麦叶片 GSH 含量的影响

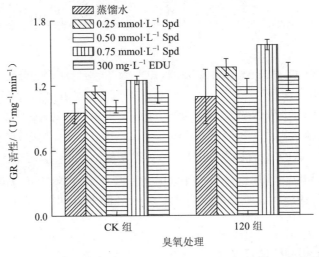

图 8-28　O_3 胁迫下外源喷施 Spd 和 EDU 对冬小麦叶片 GR 活性的影响

8.3　小结

① 对于水稻，在整个生育期内，除水稻稻穗生物量以外，不同浓度 EDU 溶液处理下的水稻地上、地下生物量和各收获指标均没有显著差异，说明 EDU 溶液对所选水稻品种没有明显的抗 O_3 作用，或者研究地区的水稻没有受到明显的 O_3 胁迫。

② 对于冬小麦，300 mg·L^{-1} 浓度的 EDU 溶液显著降低了收获期冬小麦地上生物量和穗生物量（$P < 0.05$），其他生长指标在不同 EDU 溶液浓度下没有显著差异。喷施 300 mg·L^{-1} EDU 可使得 O_3 胁迫下冬小麦叶片 POD、CAT 和 APX 活性分别比蒸馏水空白处理提高 76.8%、27.4% 和 128.1%，MDA 和 AsA 含量分别降低 17.5% 和 14.9%，GSH 含量提高 25.6%。

③ O_3 胁迫下外源喷施 Spd 可不同程度地提高冬小麦叶片的 SOD、POD、CAT、APX

和 GR 活性，当 Spd 的浓度为 0.25 mmol·L^{-1}、0.50 mmol·L^{-1} 和 0.75 mmol·L^{-1} 时，冬小麦叶片 POD 活性比喷施蒸馏水空白处理提高 90.0%～226.7%，CAT 活性提高 21.4%～40.6%，APX 活性提高 164.2%～191.0%。

④ O$_3$ 胁迫下外源喷施 Spd 可降低冬小麦叶片 MDA 和 AsA 含量，提高 GSH 和可溶性蛋白含量。当 Spd 的浓度为 0.25～0.75 mmol·L^{-1} 时，冬小麦叶片 MDA 含量比对照降低 9.7%～42.5%。

参考文献

[1] Adams R，Glyer J，McCarl B. The NCLAN economic assessment：approach，findings and implications. Assessment of crop loss from air pollutants，1988：473-504.

[2] Asada K，Takahashi M. Production and scavenging of active oxygen in photosynthesis. Kyle D J，Osmond C B，Arntzen C J. Photoinhibition，Amsterdam：Elsevier. 1987：227-288.

[3] Asada K. Ascorbate peroxidase Ca hydrogen peroxide-scavenging enzyme in plants. Physiologia Plantarum，1992，85（2）：235-241.

[4] Beffa R，Martin H，Pilet P. In vitro oxidation of indoleacetic acid by soluble auxin-oxidases and peroxidases from maize roots. Plant Physiology，1990，94（2）：485-491.

[5] Betzelberger A M，Gillespie K M，McGrath J M，et al. Effects of chronic elevated ozone concentration on antioxidant capacity，photosynthesis and seed yield of 10 soybean cultivars. Plant，Cell and Environment，2010，33（9）：1569-1581.

[6] Beyer W. Assaying for superoxide dismutase activity：Some large consequences of minor changes in conditions. Analytical Biochemistry，1987，161（2）：559-566.

[7] Borrell A，Carbonell L，Farras R，et al. Polyamines inhibit lipid peroxidation in senescing oat leaves. Physiologia Plantarum，1997，99（3）：385-390.

[8] Bradford M. A rapid and sensitive method for the quantitation of microgram quantities of protein utilizing the principle of protein-dye binding. Analytical Biochemistry，1976，72（1-2）：248-254.

[9] Brown M，Cox R，Bull K，et al. Quantifying the fine scale（1 km×1 km）exposure，dose and effects of ozone：Part 2 estimating yield losses for agricultural crops. Water，Air & Soil Pollution，1995，85（3）：1485-1490.

[10] Clarke B，Greenhalgh-Weidman B，Brennan E. An assessment of the impact of ambient ozone on field-grown crops in New Jersey using the EDU method：Part 1--white potato（*Solanum tuberosum*）. Environmental Pollution，1990，66（4）：351-360.

[11] Del Duca S，Beninati S，Serafini-Fracassini D. Polyamines in chloroplasts：identification of their glutamyl and acetyl derivatives. Biochemical Journal，1995，305：233-237.

[12] Drolet G，Dumbroff E，Legge R，et al. Radical scavenging properties of polyamines. Phytochemistry，1986，25（2）：367-371.

[13] Feng Z W，Jin M H，Zhang F Z，et al. Effects of ground-level ozone（O$_3$）pollution on the yields of rice and winter wheat in the Yangtze River Delta. Journal of environmental sciences，2003，15（3）：360-362.

[14] Feng Z, Wang S, Szantoi Z, et al. Protection of plants from ambient ozone by applications of ethylenediurea (EDU): a meta-analytic review. Environmental Pollution, 2010, 158: 3236-3242.

[15] Heath R, Packer L. Photoperoxidation in isolated chloroplasts: I. Kinetics and stoichiometry of fatty acid peroxidation. Archives of Biochemistry and Biophysics, 1968, 125 (1): 189-198.

[16] Heggestad H. Reduction in soybean seed yields by ozone air pollution. J Air Pollut Control Assoc, 1988, 38 (8): 1040-1041.

[17] Hodges D, DeLong J, Forney C, et al. Improving the thiobarbituric acid-reactive-substances assay for estimating lipid peroxidation in plant tissues containing anthocyanin and other interfering compounds. Planta, 1999, 207 (4): 604-611.

[18] Hummel I, Couee I, ElAmrani A, et al. Involvement of polyamines in root development at low temperature in the subantarctic cruciferous species Pringlea antiscorbutica. Journal of experimental botany, 2002, 53 (373): 1463-1473.

[19] Kostka-Rick R, Manning W. Dose-response studies with ethylenediurea (EDU) and radish. Environmental Pollution, 1993, 79 (3): 249-260.

[20] Kramer G F, Norman H A, Krizek D T, et al. Influence of UV-B radiation on polyamines, lipid peroxidation and membrane lipids in cucumber. Phytochemistry, 1991, 30 (7): 2101-2108.

[21] Law M, Charles S, Halliwell B. Glutathione and ascorbic acid in spinach (*Spinacia oleracea*) chloroplasts. The effect of hydrogen peroxide and of Paraquat. Biochemical Journal, 1983, 210 (3): 899-903.

[22] Lee M M, Lee S H, Park K Y. Effects of spermine on ethylene biosynthesis in cut carnation (*Dianthus caryophyllus* L.) flowers during senescence. Journal of plant physiology, 1997, 151 (1): 68-73.

[23] Liu H, Dong B, Zhang Y, et al. Relationship between osmotic stress and the levels of free, conjugated and bound polyamines in leaves of wheat seedlings. Plant Science, 2004, 166 (5): 1261-1267.

[24] Manning W J, Paoletti E, Sandermann Jr H, Ernst D. Ethylenediurea (EDU): A research tool for assessment and verification of the effects of ground level ozone on plants under natural conditions. Environmental Pollution, 2011, 159 (12): 3283-3293.

[25] Manning W. Establishing a cause and effect relationship for ambient ozone exposure and tree growth in the forest: progress and an experimental approach. Environmental Pollution, 2005, 137 (3): 443-454.

[26] Martin-Tanguy J. Metabolism and function of polyamines in plants: recent development (new approaches). Plant Growth Regulation, 2001, 34 (1): 135-148.

[27] McCord J M, Fridovich I. Superoxide dismutase. An enzymatic function for erythrocuprein (hemocuprein). Journal of Biological Chemistry, 1969, 244: 6049-6055.

[28] Noctor G, Foyer C. Ascorbate and glutathione: keeping active oxygen under control. Annual Review of Plant Biology, 1998, 49 (1): 249-279.

[29] Paoletti E, Contran N, Manning W J, et al. Use of the antiozonant ethylenediurea (EDU) in Italy: verification of the effects of ambient ozone on crop plants and trees and investigation of EDU's mode of action. Environmental Pollution, 2009, 157 (5): 1453-1460.

[30] Shao M, Tang X, Zhang Y, et al. City clusters in China: air and surface water pollution. Frontiers in Ecology and the Environment, 2006, 4 (7): 353-361.

[31] Shen W, Nada K, Tachibana S. Involvement of polyamines in the chilling tolerance of cucumber cultivars.

Plant Physiology，2000，124（1）：431-439.

[32] Singh S，Agrawal S B，Agrawal M. Differential protection of ethylenediurea（EDU）against ambient ozone for five cultivars of tropical wheat. Environmental Pollution，2009，157（8-9）：2359-2367.

[33] Singh S，Agrawal S B. Impact of tropospheric ozone on wheat（*Triticum aestivum* L.）in the eastern Gangetic plains of India as assessed by ethylenediurea（EDU）application during different developmental stages. Agriculture Ecosystems & Environment，2010，138（3-4）：214-221.

[34] Szantoi Z，Chappelka A，Muntifering R，et al. Use of ethylenediurea（EDU）to ameliorate ozone effects on purple coneflower（*Echinacea purpurea*）. Environmental Pollution，2007，150（2）：200-208.

[35] Tadolini B. Polyamine inhibition of lipoperoxidation. The influence of polyamines on iron oxidation in the presence of compounds mimicking phospholipid polar heads. Biochemical Journal，1988，249（1）：33-36.

[36] Tiburcio A，Campos J，Figueras X，et al. Recent advances in the understanding of polyamine functions during plant development. Plant Growth Regulation，1993，12（3）：331-340.

[37] Vingarzan R. A review of surface ozone background levels and trends. Atmospheric Environment，2004，38（21）：3431-3442.

[38] Wolff S，Garner A，Dean R. Free radicals，lipids and protein degradation. Trends in Biochemical Sciences，1986，11（1）：27-31.

[39] 段辉国，雷韬，卿东红，等. 亚精胺对渗透胁迫小麦幼苗生理活性的影响. 四川大学学报：自然科学版，2006，43（4）：922-926.

[40] 段辉国. 亚精胺对小麦离体叶片中蛋白质含量与蛋白酶的影响. 四川师范学院学报：自然科学版，2000，21（1）：44-47.

[41] 段九菊，郭世荣，樊怀福，等. 盐胁迫对黄瓜幼苗根系脯氨酸和多胺代谢的影响. 西北植物学报，2006，26（12）：2486-2492.

[42] 黄玉源，黄益宗，李秋霞，等. 臭氧对南方 3 种木本植物的急性伤害症状及其生理指标变化. 生态环境，2006，15（4）：674-681.

[43] 焦彦生，郭世荣，李娟，等. 钙对根际低氧胁迫下黄瓜幼苗活性氧代谢的影响. 西北植物学报，2006，26（10）：2056-2062.

[44] 金东艳，赵天宏，付宇，等. 臭氧浓度升高对大豆光合作用及产量的影响. 大豆科学，2009，28（4）：632-635.

[45] 金明红，冯宗炜，张福珠. 臭氧对水稻叶片膜脂过氧化和抗氧化系统的影响. 环境科学，2000，21（3）：1-5.

[46] 刘宏举，郑有飞，吴荣军，等. 地表臭氧浓度增加对南京地区冬小麦生长和产量的影响. 中国农业气象，2009，30（2）：195-200.

[47] 任红旭，陈雄，王亚馥. 抗旱性不同的小麦幼苗在水分和盐胁迫下抗氧化酶和多胺的变化. 植物生态学报，2001，25（6）：709-715.

[48] 隋立华，黄益宗，王玮，等. 臭氧胁迫下外源喷施亚精胺和 EDU 对小麦生理指标的影响. 生态毒理学报，2012，7（1）：71-78.

[49] 徐仰仓，王静，刘华，等. 外源精胺对小麦幼苗抗氧化酶活性的促进作用. 植物生理学报，2001，27（4）：349-352.

[50] 姚芳芳，王效科，陈展，等. 农田冬小麦生长和产量对臭氧动态暴露的响应. 植物生态学报，2008，

32（1）：212-219.

[51] 张胜，刘怀攀，陈龙，等．亚精胺提高大豆幼苗的抗旱性．华北农学报，2005，4：25-27.

[52] 张巍巍，郑飞翔，王效科，等．大气臭氧浓度升高对水稻叶片膜脂过氧化及保护酶活性的影响．应用生态学报，2008，19（11）：2485-2489.

[53] 张远航，邵可声，唐孝炎．中国城市光化学烟雾污染研究．北京大学学报：自然科学版，1998，34（2-3）：392- 400.

第9章　产量损失估算

近地层 O_3 浓度升高已对农作物的生长发育和产量形成造成严重威胁，是当今迫切需要解决的生态环境问题之一。20 世纪 80 年代初，美国农业部和环保局联合建立了全国农作物损失评价网（NCLAN），并在此基础上建立了 NCLAN 数据库。基于美国经验和研究结果，欧洲也于 20 世纪 80 年代末迅速建立了自己的农业损失评价网（EUCLAN）。据报道，O_3 污染可导致农作物减产 5%～15%，某些作物减产超过 20%。美国每年因 O_3 造成的农作物经济损失达 20 亿～40 亿美元，欧洲地区也高达 40 亿欧元。

由于目前国内 O_3 监测数据的缺乏，尤其是 O_3 小时均值的缺乏，无法获得比较全面的环境大气 O_3 浓度数据。本章总结了我国主要粮食作物的剂量响应关系、计算临界负荷，并以珠三角地区为例，估算了大气 O_3 污染造成的产量和经济损失，所建立的方法可用于今后估算大气污染所造成的粮食产量及经济损失。

9.1　估算方法

通常在评估 O_3 胁迫下作物产量的损失情况时，首先建立 O_3 浓度与作物产量损失的关系模型，或者建立 O_3 累积暴露量（AOT40 或 SUM60）与作物产量损失的关系模型，然后根据各个地区监测的 O_3 污染情况来计算和评估这些地区 O_3 胁迫下作物产量的损失。

根据与作物生长关系的密切程度，可把已有的模型分为统计模型和机理模型两大类，统计模型又可分为浓度模型、剂量模型和通量模型，目前应用比较多的是浓度响应关系模型和剂量响应关系模型。

9.1.1　浓度响应关系模型

1980 年美国农业部和环境保护局创建了全国农作物损失评价网，在全美范围农田内利用 OTCs，使用标准的实验方案研究 O_3 对农作物（大麦、棉花、马铃薯、小麦、玉米、莴苣、花生、菜豆、大豆、芫荽、高粱、烟草）生长和产量的影响。用 $7\ h \cdot d^{-1}$（9:00—16:00）季节平均 O_3 浓度和作物产量来建立浓度响应关系模型。

研究最初普遍认为 O_3 浓度增加与作物产量下降之间存在较好的线性关系，方程为：$y = a + b \times x$，y 为作物产量，x 为生长季内每天 7 小时 O_3 浓度平均值，a、b 为回归系数，进而根据产量推算出大气 O_3 造成的作物产量损失。

随后，欧洲和其他国家也按照 NCLAN 的基本方法和实验设计研究 O_3 对农作物的损失影响。我国在这方面也做了大量工作，中国气象科学院于 1992 年设计并建立 OTC-1。王春乙等用该 OTC 研究多种农作物在暴露条件下生长和产量的变化，并参考美国 NCLAN 实验资料，推算出 O_3 浓度变化对我国主要农作物（冬小麦、玉米、大豆）产量损失的可能影响。

9.1.2　剂量响应关系模型

欧美研究表明，高浓度 O_3 长期暴露对农作物造成的负面影响是由 O_3 累积效应所引起，只考虑 O_3 浓度显然不合理。根据长期的研究资料，他们提出了 O_3 剂量概念。对美国 NCLAN 数据分析发现，$50 \sim 87$ nL·L^{-1} 的 O_3 浓度出现的频度是美国农作物对 O_3 响应的最佳预测值，SUM06（60 nL·L^{-1} 为临界浓度）作为一种简单的评价指标得到美国环境保护局（EPA）的认可。联合国欧洲经济委员会（UNECE）确定临界浓度为 40 nL·L^{-1}，并相应建立 AOT40 指标。

SUM06 和 AOT40 计算方法如下所示：

$$AOT40 = \sum (C_{O_3} - 40) \quad C_{O_3} \geqslant 40 \text{ nL·L}^{-1} \tag{9-1}$$

$$SUM06 = \sum C_{O_3} \qquad\qquad C_{O_3} \geqslant 60 \text{ nL·L}^{-1} \tag{9-2}$$

式中，AOT40 为 O_3 浓度大于 40 nL·L^{-1} 的暴露值；SUM06 为 O_3 浓度大于 60 nL·L^{-1} 的暴露值；C_{O_3} 为 O_3 浓度值，nL·L^{-1}。

由于目前 AOT40 使用得更为普遍，为便于与已有文献比较，本章选用 AOT40 作为大气 O_3 暴露的累积指标进行估算。

9.1.3　水稻和小麦剂量响应关系

利用最小二乘法对作物产量与 O_3 风险评价指标（AOT40）进行线性回归分析，将回归线的截距（即累积 O_3 暴露量 AOT40 为 0 时的作物产量）作为参考产量，实际产量与参考产量比值作为作物的相对产量。

基于东莞和北京市的大田实验，将作物产量与 O_3 累积暴露量 AOT40 进行线性拟合，如图 9-1 和图 9-2 所示。两者具有很高的相关性。

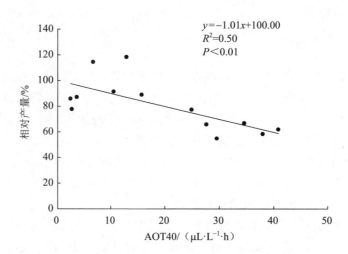

图 9-1　水稻相对产量与 O_3 暴露量（AOT40）关系图

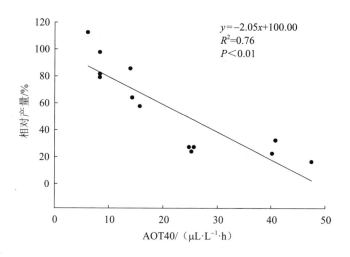

图 9-2　冬小麦相对产量与 O_3 暴露量（AOT40）关系图

　　除作物种类因素外，区域气候特征和作物品种的差异也会影响作物个体对 O_3 的敏感性。我国学者对水稻和冬小麦的剂量响应关系和临界负荷的研究结果如表 9-1 所示。两种作物的 O_3 敏感性均存在明显的地域和品种差异，其中水稻对 O_3 的敏感程度由北到南逐渐增加，变化顺序为正定市＜嘉兴市＜东莞市，但冬小麦对 O_3 敏感性的变化趋势并无明显规律，地域变化顺序为正定市＜嘉兴市＜北京市。我国南北横跨温带、亚热带和热带三大气候带，地形复杂，气候类型多样，各地区的 O_3 污染程度也可能因当地气候和工业化程度的差异而有所不同，通过长期适应，同种作物可能会形成与当地气候环境相适应的不同品种，其各自的抗氧化能力也可能存在明显不同，因此，选育对 O_3 具有较强抗性的品种对降低我国 O_3 的农业风险具有重要意义。

表 9-1　我国水稻和小麦的临界负荷

作物	地点	剂量响应关系	AOT40/ $(\mu L \cdot L^{-1} \cdot h)$	$AF_{st}2/$ $(mmol \cdot m^{-2} \cdot s^{-1})$	参考文献
水稻	正定，河北	$RY=-0.526x+100$	9.506	—	金明红，2001
水稻	嘉兴，浙江	$RY=-0.659x+96.61$	7.434	—	姚芳芳，2008
水稻	东莞，广东	$RY=-1.01x+100$	4.950	2.2～2.3	本研究
冬小麦	北京，昌平	$RY=-2.05x+100$	2.439	1.4～1.7	本研究
冬小麦	正定，河北	$RY=-1.296x+100$	3.858	—	金明红，2001
冬小麦	嘉兴，浙江	$RY=-1.417x+93.68$	2.280	—	姚芳芳，2008

注：上面公式 x 为 O_3 浓度大于 40 nL·L^{-1} 的暴露值，$\mu L \cdot L^{-1} \cdot h^{-1}$；$AF_{st}2$ 为小时平均 O_3 吸收速率高于 2 mmol·m^{-2}·s^{-1} 时的累积 O_3 吸收通量，mmol·m^{-2}·s^{-1}。

　　在我国的粮食作物中，稻谷是第一大粮食作物，小麦在粮食生产中所占比例仅次于水稻。与水稻相比，我国冬小麦对 O_3 更为敏感，这与欧洲学者给出的不同作物 O_3 敏感性对比结果相同。

9.2 珠三角地区粮食产量和经济损失评估

9.2.1 珠三角地区的主要粮食作物信息

珠三角地区主要的粮食作物是水稻、薯类、玉米和豆类等。2007 年水稻产量为 1 104.3 万 t，占全部粮食产量的 79.6%，其次是薯类，产量 189.1 万 t，占粮食总量的 13.6%，玉米和豆类，分别占粮食总产量的 4.5% 和 1.8%。已有研究获得的玉米剂量响应关系为 $y=-0.003\,6x+1.02$，基本可以忽略 O_3 浓度升高造成的减产。因此选择水稻和薯类作物评估其产量损失。

不同作物的生长季节是不同的，为了评估 O_3 对作物的影响，一般选取作物生长最旺盛的时期为 O_3 暴露期，计算期间的 O_3 暴露量。欧洲 UNECE 推荐农作物的暴露时期一般为 3 个月，如水稻是 5—7 月。但是在应用于珠三角地区时，要根据当地作物的物候和生长情况确定 O_3 暴露时期。

水稻是珠三角地区分布最广、种植面积最大的作物，大多为双季稻，分别为早稻和晚稻，早稻的生长季节主要为 4—6 月，晚稻则为 9—11 月。薯类多产于夏季，选取 7—9 月作为薯类的主要生长季节。

9.2.2 珠三角地区粮食作物的 O_3 暴露水平

根据珠江三角洲空气监控网 2006 年监测结果，计算得到不同作物生长季内 16 个站点的 O_3 累积暴露剂量（AOT40），如表 9-2 所示。

表 9-2　珠三角 2006 年 16 个站点的 O_3 暴露量（AOT40）　　　单位：$\mu L \cdot L^{-1} \cdot h$

地区	4—6 月	7—9 月	9—11 月
从化天湖	11.2	15.4	20.6
东莞豪岗	—	12.0	14.7
佛山惠景城	5.2	13.3	15.8
广州麓湖公园	4.5	9.8	10.7
广州万顷沙	5.4	17.1	21.6
惠州金果湾	7.3	14.4	16.5
惠州下铺	5.5	12.3	11.6
江门东湖	2.8	8.7	15.8
深圳荔园	0.7	6.7	8.0
顺德党校	3.8	17.1	19.2
香港东涌	1.0	4.9	7.3
香港荃湾	0.4	1.7	1.6
香港塔门	4.9	10.3	17.4
肇庆城中	3.1	9.8	15.0
中山紫马岭	4.3	14.2	20.1
珠海唐家	0.9	15.6	26.3
均值	4.1	11.5	15.1

9.2.3　珠三角地区粮食产量和经济损失的评估

首先需确定作物的剂量响应关系。对于水稻，利用本研究的 O_3 熏蒸实验所获得的当地水稻品种对 O_3 胁迫的响应关系，相对产量损失 RYL=1−0.020 5x。而对于薯类，我国还没有利用 OTC 开展实验工作，因此选取文献报道的剂量响应关系，RYL=−0.009 8x+0.02，该剂量响应关系为 Pleijel 等人在 2004 年总结欧洲利用 OTC 开展实验工作所获得的数据而获得。

根据上述计算的作物 O_3 暴露量和 O_3 剂量响应函数，计算获得了珠三角各站点不同作物潜在的相对产量损失，如表 9-3 所示。结果表明珠三角大部分区域的作物的相对产量损失均大于 5%的临界水平。尽管早稻主要生长在 O_3 剂量最低的季节，其平均相对产量损失仍接近 10%，晚稻由于生长季主要在秋季，暴露在高 O_3 剂量下，产量损失更高。

表 9-3　珠三角 2006 年各站点主要作物的相对产量损失　　　　　单位：%

	早稻	晚稻	薯类
从化天湖	22.96	42.23	17.09
东苑豪岗	—	30.14	13.76
佛山惠景城	10.66	32.39	15.03
广州麓湖公园	9.23	21.94	11.60
广州万顷沙	11.07	44.28	18.76
惠州金果湾	14.97	33.83	16.11
惠州下铺	11.28	23.78	14.05
江门东湖	5.74	32.39	10.53
深圳荔园	1.44	16.40	8.57
顺德党校	7.79	39.36	18.76
香港东涌	2.05	14.97	6.80
香港荃湾	0.82	3.28	3.67
香港塔门	10.05	35.67	12.09
肇庆城中	6.36	30.75	11.60
中山紫马岭	8.82	41.21	15.92
珠海唐家	1.85	53.92	17.29
均值	8.34	31.03	13.23
标准偏差	5.86	12.67	4.33
最小值	0.82	3.28	3.67
最大值	22.96	53.92	18.76

由作物的相对产量损失和作物当年的产量，可以估算出作物由于受 O_3 胁迫所减产的情况。根据中国 2006 年主要农产品产量统计的广东省各市的粮食产量，2006 年广东省粮食总产量为 1 387.6 万 t，珠三角包含的 9 市的粮食总产量为 393.7 万 t。假设珠三角各作物产量占总产量的比例与广东省的比例一样，且早稻和晚稻各占水稻总产量的一半，则珠三角水稻和薯类的实际产量以及平均产量损失和经济损失如表 9-4 所示。仅珠三角地区，由于 O_3 造成的总经济损失达到 13.13 亿元，所以 O_3 污染给我国的粮食生产带来的危害不容小视。

表 9-4 珠三角 2006 年主要作物产量及由 O_3 引起的产量和经济损失

作物	早稻	晚稻	薯类
实际产量/万 t	156.7	156.7	53.7
产量损失/万 t	13.1	48.6	7.1
经济损失/亿元	2.40	8.95	1.78

9.3 降低大气 O_3 污染对粮食作物减产的应对策略

（1）加强农村地面 O_3 及其前体物监测，掌握农作物的实际 O_3 暴露水平

目前，我国现有的大气 O_3 监测主要在城市地区开展，而广大的农村地区缺乏监测。O_3 前体物种类繁多，形成机理复杂，造成 O_3 前体物排放区与 O_3 污染区分离，因此在农村地区有必要开展 O_3 及其前体物的常规监测，掌握农作物的 O_3 暴露水平。

除单一的地面监测，还需要从全国或典型区域尺度上，通过监测、实验和模型等多种手段，系统研究和评价 O_3 对我国粮食生产和生态环境的影响，为我国空气污染防治和粮食安全、生态安全保障提供科学依据。

（2）建立本地化模型，合理评估产量和经济损失

我国地域辽阔，区域气候特征和作物品种的差异大，很难用统一的剂量响应关系评价 O_3 对农作物产量的影响。目前，国内只在长江三角洲地区、珠江三角洲、华北地区对水稻和小麦进行了研究，在区域上还有很多地方没有涉及，在作物种类上，还有玉米、花生、棉花、大麦等作物没有研究，而且已有研究普遍时间较短，缺乏多年的研究。因此，需要在我国开展更加全面的研究工作，覆盖粮食主产区、主要粮食作物种类和品种，开展田间实验研究，建立本地化的产量与 O_3 暴露的剂量响应关系模型，才能科学合理地评估 O_3 污染对我国粮食造成的产量损失和经济损失。

在自然环境中 O_3 和其他大气污染物（如 SO_2、颗粒物等）通常同时存在，因此还应开展复合污染对植物生长的影响。另外，环境因子（温度、湿度、光照等），尤其是干旱对植被的生长具有重要的影响，研究时需考虑到这些因素的影响，有必要开展多年的连续研究，以更全面地了解影响粮食作物生长生理及产量的因素，及时采取应对措施以保证国家粮食安全。

（3）选育抗污染优良品种，推广施用 O_3 防护剂，减少农作物产量损失

通过分子生物学技术改变植物的基因，筛选和培育出抗 O_3 的农作物品种和品系，增加农作物对 O_3 的抗性，可减少 O_3 对农作物产量的影响。另外，可以通过田间管理，增加植物营养，提高农作物抗性。

施用表面覆盖物（木炭、活性炭、硅藻土、硅胶、氧化铁和蜡类物质等）隔离或减少叶片对 O_3 的吸收，或者施用 O_3 防护剂，调节植物体的生理机能以减轻 O_3 对农作物的危害。

9.4 小结

① 随着 O_3 浓度的升高，我国不同地区水稻和冬小麦均会出现明显减产，但产量损失

量会因区域气候特征和作物品种的差异而明显不同。与水稻相比，我国冬小麦对 O_3 更为敏感，O_3 污染导致的冬小麦产量损失率为水稻的 2 倍以上，选育对 O_3 具有较强抗性的作物品种，同时控制 O_3 前体物的大量排放是保护我国冬小麦等 O_3 敏感型作物的主要措施。

② 对珠三角大部分区域，作物的相对产量损失均大于 5% 的临界水平。尽管早稻主要生长在 O_3 剂量最低的季节，其平均相对产量损失仍接近 10%，薯类和晚稻产量损失更高。仅珠三角地区，由于 O_3 造成的总经济损失达到 13.13 亿元，所以 O_3 污染给我国的粮食生产带来的危害不容小视。

③ 由于我国地域辽阔，O_3 污染状况不同，气候类型和作物品种的多样性较高，为准确评估全国范围的作物产量损失，一方面需要加强农村地面 O_3 及其前体物监测以准确掌握农作物的实际 O_3 暴露水平，另一方面需要扩大研究区域及作物种类，建立本地化 O_3 暴露剂量响应模型。控制大气 O_3 污染，选育抗污染优良品种，推广施用 O_3 防护剂，是减少农作物产量损失的重要措施。

参考文献

[1] Chen Z，Wang X K，Feng Z Z，et al. Effects of elevated ozone on growth and yield of field-grown rice in Yangtze River Delta，China. Journal of Environmental Sciences-China，2008，20（3）：320-325.

[2] Danielsson H，Karlsson G P，Karlsson P E，et al. Ozone uptake modelling and flux-response relationships-an assessment of ozone-induced yield loss in spring wheat. Atmospheric Environment，2003，37（4）：475-485.

[3] Emberson L D，Buker P，Ashmore M R，et al. A comparison of North American and Asian exposure-response data for ozone effects on crop yields. Atmospheric Environment，2009，43（12）：1945-1953.

[4] Emberson L D，Buker P，Ashmore M R，et al. A comparison of North American and Asian exposure-response data for ozone effects on crop yields. Atmospheric Environment，2009，43（12）：1945-1953.

[5] Feng Z W，Jin M H，Zhang F Z，et al. Effects of ground-level ozone（O_3）pollution on the yields of rice and winter wheat in the Yangtze River delta. Journal of Environmental Science，2003，15（3）：360-362.

[6] Feng Z，Jin M，Zhang F. Effects of ground-level ozone（O_3）pollution on the yields of rice and winter wheat in the Yangtze River Delta. Journal of Environmental Science（China）：2003，15（3）：360-362.

[7] Fuhrer J，Skarby L，Ashmore M R. Critical levels for ozone effects on vegetation in Europe. Environmental Pollution，1997，97（1-2）：91-106.

[8] Heck W C，Adams R M. A reassessment of crop loss from ozone. Environmental Science and Technology. 1983，17：572-581.

[9] Lesser V M，Rawlings J O，Spruill S E，et al. Ozone Effects on Agricultural Crops-Statistical Methodologies and Estimated Dose-Response Relationships. Crop Science，1990，30（1）：148-155.

[10] Liu F，Wang X K，Zhu Y G. Assessing current and future ozone-induced yield reductions for rice and winter wheat in Chongqing and the Yangtze River Delta of China. Environmental Pollution，2009，157（2）：707-709.

[11] Mills G，Buse A，Gimeno B，et al. A synthesis of AOT40-based response functions and critical levels of ozone for agricultural and horticultural crops. Atmospheric Environment，2007，41（12）：2630-2643.

[12] Murphy J J，Delucchi M A，McCubbin D R，et al. The cost of crop damage caused by ozone air pollution from motor vehicles. Journal of Environmental Management，1999，55（4）：273-289.

[13] Pleijel H，Danielsson H，Ojanpera K，et al. Relationships between ozone exposure and yield loss in European wheat and potato-a comparison of concentration- and flux-based exposure indices. Atmospheric Environment，2004，38（15）：2259-2269.

[14] Sarkar A，Agrawal S B. Elevated ozone and two modern wheat cultivars：An assessment of dose dependent sensitivity with respect to growth，reproductive and yield parameters. Environmental and Experimental Botany，2010，69（3）：328-337.

[15] Sawada H，Kohno Y. Differential ozone sensitivity of rice cultivars as indicated by visible injury and grain yield. Plant Biology，2009，11（Suppl. 1）：70-75.

[16] Shao M，Zhang Y H，Zeng L M，et al. Ground-level ozone in the Pearl River Delta and the roles of VOC and NO_x in its production. Journal of Environmental Management，2009，90（1）：512-518.

[17] Wang X K，Manning W，Feng Z W，et al. Ground-level ozone in China：Distribution and effects on crop yields. Environmental Pollution，2007a，147（2）：394-400.

[18] Wang X K，Zheng Q W，Feng Z Z，et al. Comparison of a diurnal vs steady-state ozone exposure profile on growth and yield of oilseed rape（Brassica napus L.）in open-top chambers in the Yangtze Delta，China. Environmental Pollution，2008，156（2）：449-453.

[19] 金明红，黄益宗. 臭氧污染胁迫对农作物生长与产量的影响. 生态环境，2003，12（4）：482-486.

[20] 金明红. 大气 O_3 浓度变化对农作物影响的实验研究. 北京：中国科学院生态环境研究中心，2001.

[21] 王春乙，郭建平，郑有飞. 二氧化碳、O_3、紫外辐射与农作物生产. 北京：气象出版社，1997.

[22] 姚芳芳，王效科，陈展，等. 农田冬小麦生长和产量对 O_3 动态暴露的响应. 植物生态学报，2008，32（1）：212-219.

[23] 赵阳. 珠江三角洲臭氧对植被的影响和超临界水平区划. 北京：北京大学，2010.

[24] 郑飞翔，王效科，张巍巍，等. 臭氧胁迫对水稻光合作用与产量的影响. 农业环境科学学报，2009，28（11）：2217-2223.

[25] 中华人民共和国国家统计局. 中国区域经济统计年鉴，2007.

[26] 中华人民共和国国家统计局. 中国统计年鉴，2007.

附录：缩略语

AOS：Active oxygen species，活性氧物质

AOT40：Accumulated exposure over a threshold ozone concentration of 40 nL·L^{-1}，小时 O$_3$ 浓度大于 40 nL·L^{-1} 的累积 O$_3$ 暴露值

APX：Ascorbate peroxidase，抗坏血酸过氧化物酶

AsA：Ascorbic acid，抗坏血酸

AsA-GSH 循环：Ascorbic-glutathione cycle，抗坏血酸-谷胱甘肽循环，又称 Halliwell-Asada 循环

Cad：Cadavarine，尸胺

Car：Carotenoid，类胡萝卜素

CAT：Catalase，过氧化氢酶

DHA：Dehydroascorbate，脱氢抗坏血酸

DHAR：Dehydroascorbate reductase，脱氢抗坏血酸还原酶

EDU：Ethylenediurea，N-[2-（2-氧-1-咪唑烷基）乙基]-N′-苯基脲

EPA：US Environmental Protection Agency，美国环境保护局

Free-Put：Free-putrescine，自由态腐胺

Free-Spd：Free-spermidine，自由态亚精胺

Free-Spm：Free-spermine，自由态精胺

Fv/Fm：PS Ⅱ photochemical efficiency（Fv/Fm），PS Ⅱ 的光化学效率

GR：Glutathione reductase，谷胱甘肽还原酶

GSH：Reduced glutathione，还原型谷胱甘肽

GSSG：Oxidized glutathione，氧化型谷胱甘肽

H$_2$O$_2$：Hydrogen peroxide，过氧化氢

MDA：Malondialdehyde，丙二醛

MDAR：Mono-dehydroascorbate reductase，单脱氢抗坏血酸还原酶

MDHA：Mono-dehydroascordic acid，单脱氢抗坏血酸

NCLAN：The National Crop Loss Assessment Network，（美国）全国农作物损失评价网

O$_2^{\cdot-}$：Superoxide，超氧自由基

OH$^-$：Hydroxyl radicals，羟基自由基

OTC：Open-Top Chamber，开顶式气室

PAs：Polyamines，多胺

POD：Peroxidase，过氧化物酶

Pro：Proline，脯氨酸

Put：Putrescine，腐胺

RUBP：D-Ribulose 1,5-bisphosphate sodium salt hydrate，1,5-二磷酸核酮糖

RuBPCO：Ribulose 1,5-bisphosphate carboxylase，1,5-二磷酸核酮糖羧化加氧酶

SOD：Superoxide dismutase，超氧化物歧化酶

Spd：Spermidine，亚精胺

Spm：Spermine，精胺

SUM06：seasonal sum of all hourly average concentrations $\geqslant 60 \ nL \cdot L^{-1}$，小时 O_3 浓度大于 $60 \ nL \cdot L^{-1}$ 的累积 O_3 暴露值

UNECE：United Nations Economic Commission for Europe，联合国欧洲经济委员会